Bertram | Was ist der Mensch?

[Was bedeutet das alles?]

Georg W. Bertram

Was ist der Mensch?

Warum wir nach uns fragen

Reclam

2. Auflage

RECLAMS UNIVERSAL-BIBLIOTHEK Nr. 19521
2018 Philipp Reclam jun. Verlag GmbH,
Siemensstraße 32, 71254 Ditzingen
Gestaltung: Cornelia Feyll, Friedrich Forssman
Druck und Bindung: Kösel GmbH & Co. KG,
Am Buchweg 1, 87452 Altusried-Krugzell
Printed in Germany 2020
RECLAM, UNIVERSAL-BIBLIOTHEK und
RECLAMS UNIVERSAL-BIBLIOTHEK sind eingetragene Marken
der Philipp Reclam jun. GmbH & Co. KG, Stuttgart
ISBN 978-3-15-019521-5

Auch als E-Book erhältlich

www.reclam.de

Inhalt

Für Luzia und Jonathan

Vorbemerkung

Dieses Buch hat einen irreführenden Titel. Die Frage »Was ist der Mensch?« wird und kann es nicht beantworten – zumindest nicht so, wie man es vielleicht erwarten würde. Das Ziel meiner Überlegungen besteht nämlich nicht darin, Bestimmungen zusammenzutragen, die den Menschen ausmachen. Ich gehe davon aus, dass ein solches Vorhaben zum Scheitern verurteilt wäre. Es lässt sich nicht einfach so sagen, wer wir Menschen sind. Wer es dennoch versucht, geht an vielem, was Menschen ausmacht, notwendigerweise vorbei. Unumgänglich wird er irgendeine historisch-kulturelle Konzeption beziehungsweise irgendwelche historisch-kulturellen Selbstverständnisse von Menschen mehr oder weniger absolut setzen. Wenn man das macht, landet man aber nicht bei Bestimmungen, die Menschen insgesamt umfassen. Man beginnt vielmehr, irgendeine Normierung von Menschen vorzuschlagen. Das allerdings steht – nicht zuletzt und ganz besonders – der Philosophie schlecht zu Gesicht.

Was ich in diesem Essay vorhabe, ist so besser von seinem Untertitel her zu verstehen. Es geht mir darum zu klären, welche Bedeutung die Frage, wer wir sind, für uns als Menschen hat. Über dem antiken Orakelheiligtum in Delphi stand die prägnante Aufforderung »Erkenne dich selbst!«. Die Alten schätzten es also wohl so ein, dass es wichtig für uns ist, nach uns zu fragen. Aber warum ist dies so? Auch wenn ich an diesem Punkt noch nicht alles vorwegnehmen kann und will, ist so viel klar: Ich werde dafür argumentieren, dass für uns Menschen die Frage, wer wir sind, eine zumeist unterschätzte Bedeutung hat. Wir sind leicht geneigt zu denken, es stehe fest, was und wer wir Menschen sind. So scheint es uns erst einmal nicht sonderlich wichtig, überhaupt danach zu fragen.

Hinter dieser Einschätzung aber steht ein Bild vom Menschen, das wir verabschieden sollten. Diesem Bild zufolge sind wir einfach in einer bestimmten Weise. Um einige Beispiele zu geben, wie man ein solches Einfach-so-Sein verstehen könnte: Als Menschen sind wir spezifische Tiere. Zudem sind wir erzogen worden und haben bestimmte Auffassungen übernommen oder diese uns, zum Teil mühsam, erarbeitet. Und das sind wir eben. Wenn wir uns so verstehen, verstehen wir uns aber falsch. Für uns Menschen gibt es kein Einfach-so-Sein. Wir sind nur dann etwas, wenn wir uns in einer bestimmten Weise verstehen. Ob wir uns dessen bewusst sind oder nicht: Wir legen mit unseren Selbstverständnissen fest, worum es uns geht. Erst dadurch sind wir die, die wir sind.

Dies gilt auch dort, wo uns alles ganz und gar selbstverständlich scheint. Nun könnte man einwenden wollen, dass wir dort, wo alles selbstverständlich ist, eben doch einfach so sind. Dies aber ist ein Irrtum. Wenn es uns wichtig ist, in irgendeiner Weise eine Selbstverständlichkeit zu betonen, geht es genau um sie. Aus diesem Grund fühlen sich diejenigen, die diese Selbstverständlichkeit verteidigen, gestört, wenn jemand – und sei es eine Philosophin oder ein Philosoph – ihnen Fragen stellt. Das Gefühl der Störung ist als Symptom zu begreifen. Es zeigt, dass es darum geht, mit seinen Selbstverständlichkeiten in Ruhe gelassen zu werden. Das aber ist mehr, als einfach nur in irgendeiner selbstverständlichen Weise zu sein. Es ist eine bestimmte Weise, in der es einem um etwas geht – in diesem Fall unter anderem um die Bewahrung von Selbstverständlichkeiten.

Die Überlegungen dieses Buches wollen einen Beitrag dazu leisten, das Bild vom Einfach-so-Sein des Menschen zu überwinden. Dieses Bild können wir auch mit dem Begriff der Natur artikulieren, indem wir sagen, dass Menschen von Natur aus in einer spezifischen Weise sind. Man kann hier von einer

Naturalisierung des Menschen sprechen, die ich einer grundlegenden Kritik unterziehen will.

Nun leben Menschen ja nicht nur in einer natürlichen, sondern auch in einer kulturellen Umwelt. Entsprechend kann man denken, dass Menschen nicht nur natürlich bestimmt sind. Hier lässt sich der aus der Philosophie Ludwig Wittgensteins (1889–1951) stammende Begriff der Lebensform heranziehen,[1] um zu sagen, dass Menschen in einer spezifischen Lebensform leben. Der Begriff der menschlichen Lebensform ist aber zumeist nur eine andere Art und Weise zu sagen, dass Menschen einfach so sind. Im Zuge einer Kritik problematischer Naturalisierungen muss man demnach auch den Begriff der Lebensform kritisch unter die Lupe nehmen.

Wer das, was Menschen ausmacht, in der ein oder anderen Weise naturalisiert, trägt der Tatsache keine Rechnung, dass sie nur sind, indem es ihnen in bestimmter Weise um etwas geht. Menschen stehen grundsätzlich vor der Aufgabe, zu bestimmen, was sie in all ihren Dimensionen – in ihrem Handeln, ihrem Empfinden, ihrer Körperlichkeit, ihrem Sprechen und vielem anderen mehr – ausmacht. Um das besser zu verstehen, muss man ein anderes Bild des Menschen entwerfen. In der Erläuterung dieses anderen Bildes stehen nicht die Begriffe der menschlichen Natur oder der menschlichen Lebensform im Zentrum, sondern, wie sich zeigen wird, zum Beispiel diejenigen der Selbstbestimmung und der Offenheit im Sinne von Freiheit.

Menschen sind mit der Anforderung konfrontiert, sich selbst zu bestimmen und sich dadurch Freiheit zu erarbeiten. Sie sind nicht von Natur aus selbstbestimmt und können auch nicht ihre Lebensform als Garant für Selbstbestimmung anführen, sondern haben Selbstbestimmung als Chance und Last gleichermaßen zu realisieren. Analog verhält es sich mit Freiheit, die unter anderem Jean Paul Sartre (1905–1980) dem Menschen ins Stammbuch geschrieben wissen wollte.[2] In diesem Stammbuch steht zwar einiges an natürlichen Anlagen, nicht aber Freiheit. Wir machen in unterschiedlicher Weise immer aufs Neue die Erfahrung, dass Freiheit nur dort realisiert ist, wo sie errungen wurde. Sie ist ein entscheidendes Moment dessen, was Menschen aus sich machen können. Dabei steht die einmal gewonnene Freiheit immer in der Gefahr, wieder verloren zu gehen. Sie ist also nichts, was sich – zum Beispiel im Rahmen einer Lebensform – stabilisieren ließe.

In dem Bild vom Menschen, das ich zeichnen will, hat die Frage, wer wir sind, eine zentrale Bedeutung. Sie ist entscheidend dafür, dass Menschen etwas aus sich machen. Menschen beantworten die Frage, wer sie sind, immer in spezifischer Weise. Unter anderem dadurch werden sie zu genau denen, die sie sind. Antworten geben sie zum Beispiel mittels ihrer religiösen Überzeugungen, mit Vorstellungen, die in Kunstwerken artikuliert werden, oder in Grundregeln, die sie für ihr Zusammenleben formulieren bzw. an die sie sich in diesem Zusammenleben halten. Die Überzeugungen, Vorstellungen und Grundregeln sind prägend für die Art und Weise, wie Menschen ihren jeweiligen Alltag durchleben. Sie kommen nicht nur als kultureller Zusatz zum Alltag hinzu, sondern sind das, was dem Alltag überhaupt Gestalt verleiht.

Wenn dies aber nun einmal so ist: Warum sollte man sich dann überhaupt lange mit der Frage befassen, warum wir nach uns fragen? Es scheint doch so, als wolle ich dafür argumentieren, dass wir unumgänglich Antworten auf die Frage geben, wer wir sind. Aber so einfach ist es nicht. Das Problem ist, dass wir uns in unseren Antworten auf die Frage, wer wir sind, missverstehen können. Wir können sie so verstehen, als stellten wir einfach fest, wer wir sind. Nennen wir dieses Missverständnis »eine Vergegenständlichung des Menschen durch sich selbst«. Eine solche Vergegenständlichung droht unumgänglich im Rahmen menschlicher Selbstbestimmung. Wenn wir uns die Frage stellen, warum wir nach uns fragen, ist es entscheidend, sich kritisch mit diesem Missverständnis auseinanderzusetzen.

Und genau an diesem Punkt ist die philosophische Reflexion darüber, was der Mensch ist, entscheidend. Sie leistet nicht allein Beiträge zur Bestimmung des Menschen, sondern kann insbesondere klären, warum es falsch ist, die Frage, wer wir sind, im Sinne einer Vergegenständlichung misszuverstehen. Die Philosophie mischt also nicht allein dabei mit, wie Menschen etwas aus sich machen, sondern trägt vor allem dazu bei, an Offenheit als Aufgabe des Menschen zu erinnern, und so Verhältnisse, in denen diese Offenheit verloren zu gehen droht, zu kritisieren. Gerade aus diesem Grund ist es wichtig, über die Frage nachzudenken, inwiefern Menschen immer vor der Frage stehen, wer sie sind; und es ist wichtig, dieses Nachdenken so anzulegen, dass es nicht nur für philosophische Fachleute nachvollziehbar ist.

Philosophinnen und Philosophen reden oft in einer Weise, dass diejenigen, die nicht tagein und tagaus mit Philosophie befasst sind, wenig damit anfangen können. Das ist zwar insgesamt sicher unvermeidlich. Aber es ist auch wichtig, dass philosophische Überlegungen für ein breites Publikum verständlich werden, denn Philosophie ist letztlich keine Fachwissenschaft, sondern eine Reflexionspraxis, die einen Beitrag dazu leistet, dass Menschen zu denen werden, die sie sind. Sie muss auch Leserinnen und Lesern, die sich nicht im engeren Sinn akademisch mit Philosophie auseinandersetzen, etwas zu sagen haben. Aus diesem Grund habe ich mich in dem vorliegenden Essay darum bemüht, eine Schreibweise zu finden, die auf akademische Disziplinierung so weit wie möglich verzichtet. Was ich schreibe, soll für möglichst viele möglichst leicht verständlich sein. Dieses Ziel ist umso wichtiger, als das, worüber ich schreibe, uns alle betrifft. Es geht in meinen Überlegungen schließlich darum, wie wir uns verstehen.

Dieses Buch erscheint in der Reihe »Was bedeutet das alles?«. Auch diese Frage ist nicht nur in der Philosophie beheimatet. Sie wird von Religionen genauso gestellt wie von der Kunst und von den theoretischen Wissenschaften. Zudem ist sie als eine Variation auf die Frage, wer wir sind, zu begreifen. Dass wir uns überhaupt fragen, welche Bedeutung etwas hat, ist Ausdruck der Tatsache, dass für uns nichts einfach selbstverständlich ist, dass wir grundsätzlich vor der Frage stehen, wer wir sind. Insofern geht es mir in den folgenden Überlegungen auch darum zu klären, warum wir uns überhaupt die Frage stellen, was das alles bedeutet.[3]

Zur Einstimmung

Stellen wir uns Christiane vor. Sie war mit zwei Freundinnen im Kino und wundert sich nach dem Film, was das denn gewesen ist. Sie beschwert sich lauthals, die Story sei an den Haaren herbeigezogen und alle Figuren des Films seien ganz unnatürlich gezeichnet. Die Freundinnen teilen diese Sichtweise nicht. Eine wendet ein, zwar gebe es zweifelsohne einige Übertreibungen, aber nun sehe man, was wirklich in Beziehungen los sei. Ehe sie sich versehen, beginnen die Freundinnen sich darüber zu streiten, was unter einer guten Beziehung zu verstehen ist. Filme lösen solche Streitigkeiten immer wieder aus.

Christiane geht auch einmal die Woche zur Therapie. Dort bespricht sie vor allem das Verhältnis zu ihren Eltern, mit denen sie in ihrer Jugend immer wieder große Konflikte hatte. Aktuelle Beziehungsprobleme sucht Christiane aus der Therapie herauszuhalten. Dafür hat sie ihre besten Freundinnen, von denen sie sich in dieser Hinsicht besser verstanden fühlt. Christianes Leben besteht also nicht nur daraus, den Alltag zu bestehen, die Freizeit zu gestalten, ab und zu Essen zu gehen und in den Urlaub zu fahren. Christiane fühlt sich nicht wohl, wenn sie über Wochen hinweg nicht mehr ernsthaft mit einer Freundin hat sprechen können. Sie braucht den wöchentlichen Gang zur Therapie als Ausgleich, und sie geht ins Kino, so oft sie kann.

Die Diskussionen nach dem Kino, die Therapie und die ernsthaften Gespräche mit den besten Freundinnen – genau um solche Praktiken soll es in diesem Buch gehen. Sie sind uns weithin vertraut. Aber das heißt nicht, dass uns auch vertraut ist, was diese Praktiken insgesamt bedeuten. Es handelt sich um Praktiken, mittels deren wir uns fragen, wer wir sind. Diese Frage klingt erst einmal ziemlich abstrakt. Und tatsächlich: So wird diese Frage ja auch meist nicht gestellt. Sie tritt eher in der Form auf, dass Christiane sich fragt, was sie unter einer gelungenen Beziehung versteht oder unter einem angemessenen Verhältnis zu ihren Eltern und zu ihrem Sohn. In solchermaßen konkreten Weisen stellt sich für sie die Frage, wer sie ist. Oder anders gesagt: Sie stellt die Frage in vielen Varianten, in vielen spezifischen Zusammenhängen.

Das ändert aber nichts daran, dass es überall dort, wo Filme auf das, was sie uns sagen, hin befragt oder zwischenmenschliche Beziehungen in ihren Problemen beleuchtet werden, um unser Verständnis des Menschseins geht – auch dort, wo wir Tagebuch schreiben, wo wir miteinander auf einem Rave tanzen, wo wir miteinander feiern und wo wir die Unterschiede politischer Systeme diskutieren. Zu unserem normalen Leben gehört in diesem Sinn die Frage nach uns selbst: Was ist der Mensch? Oder in konkreter Gestalt: Was ist eine gelungene Beziehung? Was ist ein angemessenes Verhältnis zu den eigenen Eltern? Was ist eine gerechte politische Ordnung?

Gerade wenn man davon ausgeht, dass die Frage, wer wir sind, uns ständig begleitet, stellt sich eine weitere schlichte Frage, nämlich die, warum dies so ist. Warum fragen wir uns, wer wir sind? Welche Bedeutung hat diese Frage für uns? Erst einmal mag es so aussehen, als seien Menschen einfach Menschen. Warum sollten sie sich also fragen, wer sie sind? Menschen leben, so könnte man geneigt sein zu denken, auf eine menschliche Weise. Sie führen Beziehungen, erziehen Kinder, stehen in Beziehungen zu ihren Eltern und leben in gesellschaftlichen Zusammenhängen. Die Praktiken, die hier jeweils im Spiel sind, legen, so scheint es, fest, was Menschen sind.

Wenn man entsprechend ansetzt, liegt es nahe, folgendermaßen zu denken: Wir fragen uns, wer wir sind, weil wir wissen wollen, wer wir sind. Wenn wir so fragen, dann schauen wir uns also einfach an, wie wir leben und vieles andere mehr. Eine solche Verhaltensweise wäre einfach zu erklären. Wir sind ja Lebewesen mit kognitiven Fähigkeiten – Fähigkeiten, die wir selbstverständlich auch auf uns selbst anwenden können. Es ist uns möglich zu erkennen, was einzelne Lebewesen genetisch voneinander unterscheidet. So ist es uns doch sicher auch möglich zu erkennen, wer wir selbst sind – zumindest in Maßen. Es sieht also erst einmal so aus, als ob es wenig zu erklären gibt. Wir sind Wesen, die zu Erkenntnissen gelangen können. Wir können die Welt um uns herum und natürlich auch genauso uns selbst erkennen. Man könnte also denken, dass die Frage, die der Untertitel formuliert, einfach zu beantworten ist:

(*Naheliegende Antwort*)
Wir fragen uns, wer wir sind, weil wir wissen wollen, wer wir sind.

Auch wenn diese Antwort erst einmal plausibel zu sein scheint, lässt sich ihre Plausibilität doch schnell untergraben. Dazu genügt ein Blick auf die Praktiken, die ich bislang erwähnt habe. Wer mit anderen nach dem Film diskutiert, wer in eine Therapie geht und wer sich mit anderen über Fragen der Kindererziehung auseinandersetzt, will nicht einfach etwas über sich feststellen. Gefragt wird hier vielmehr in unterschiedlicher Weise, wie zu sein richtig ist. Wie kann eine Beziehung gelingen? Welches Verhältnis zu den eigenen Eltern ist angemessen? Wie sollte man als Eltern mit Kindern umgehen, um ihnen einen guten Start ins Leben zu ermöglichen? Wie muss ein Gemeinwesen organisiert sein, damit es innerhalb seiner gerecht zugeht? Hinter diesen Fragen steht allgemein die Frage, wie Menschen sein sollen. Es geht dort, wo sie gefragt werden, darum zu klären, wie ein menschliches Leben richtig zu gestalten ist.

Warum aber machen wir das? Auch hier kann man eine naheliegende Antwort zu geben suchen und sagen:

(*Frage nach dem richtigen Leben*)
Wir fragen uns, wie Menschen ihr Leben richtig zu gestalten haben, um ein richtiges Leben zu leben.

Das ist so korrekt, wie es zugleich wenig klärt. Wer fragt, was richtig ist, will klären, was richtig ist. Das stimmt, sagt aber letztlich nichts darüber aus, worum es in einer solchen Klärung geht, welche Bedeutung sie hat. Man kann antworten wollen: Weil es uns um das Richtige geht. Aber das wirft wiederum nur die Frage auf, warum dies so ist. Es ist zweifelsohne so, dass Menschen am Richtigen im Sinne des Wahren, Guten und Schönen orientiert sind. Doch das erklärt noch nichts. Entscheidend ist die Beantwortung der Frage, warum das so ist. Man könnte versucht sein, es mit Immanuel Kant (1724–1804) zu halten, und einfach vom »Faktum der Vernunft«[4] sprechen. Doch auch ein solcher Verweis trägt wenig zur Klärung bei. Warum sind wir an Vernunft orientiert? Warum wollen wir das Wahre erkennen, das Gute realisieren und uns mit dem Schönen umgeben?

An diesem Punkt der Überlegungen können wir diese Fragen noch nicht beantworten. Aber wir können jetzt schon ein typisches Fehlverständnis der Frage nach dem Menschen feststellen. Ganz im Sinne der angesprochenen naheliegenden Antwort wird die Frage, wer wir sind, oft so verstanden, als gehe es darum, uns von Tieren zu unterscheiden. Entsprechend legt man die klassische Bestimmung des Menschen als eines vernünftigen Tiers (auf die ich in meinen Überlegungen noch mehrfach zurückkommen werde) so aus, dass sie die spezifische Differenz des Menschen artikuliert. Von einer »spezifischen Differenz« spricht man im Anschluss an Aristoteles (384–322 v. Chr.), wenn man Arten im Rahmen von umfassenderen Gattungen voneinander unterscheiden will. Der Mensch gehört demnach zur Gattung der Tiere. Innerhalb dieser Gattung unterscheidet er sich durch Vernünftigkeit. Auf diese Weise kann man, so scheint es, den Menschen von anderen Tieren unterscheiden. Dabei ist es letztlich unerheblich, ob man Vernünftigkeit oder etwas anderes für das unterscheidende Merkmal hält, das Menschen ausmacht. Wer überhaupt nach einer festen Unterscheidung des Menschen vom Tier fragt, setzt oft im Sinne der Gattung-Art-Struktur etwas voraus, das den Menschen (als eine besondere Art) wesentlich ausmacht.

Wenn allerdings die Frage danach, wer wir sind, nicht als eine kognitive Frage zu verstehen ist, dann sind entsprechende Versuche, uns von Tieren abzugrenzen, zum Scheitern verurteilt. Und tatsächlich: Wir können uns nicht stabil von Tieren unterscheiden. Wie nicht zuletzt die Diskussionen zum Beispiel um die Intelligenz von Tieren und ihren Zeichengebrauch zeigen,[5] gibt es immer wieder gute Gründe, keine strikten Unterscheidungslinien zwischen Menschen und Tieren zu ziehen. Dass in entsprechenden Diskussionen immer wieder mit großer Verve für unsere Verwandtschaft zu und für unsere Unterschiedenheit von Tieren gestritten wird, gibt einen ersten Hinweis darauf, worum es geht: Wir positionieren uns in unseren Antworten auf die Frage, wer wir sind, immer wieder auch Tieren gegenüber. Diese Positionierung ist im Sinne einer Selbstfestlegung zu verstehen. Wir legen uns auf eine bestimmte Nähe beziehungsweise Entfernung Tieren gegenüber fest.

Noch einmal zugespitzt gesagt: Wer nach dem Unterschied des Menschen vom Tier fragt, der stellt nicht einfach etwas fest, sondern gestaltet den Unterschied durch die Antwort, die er auf die Frage hin gibt, selbst mit. Nun darf man aber diese These nicht in den falschen Hals bekommen. Wenn man in ihr den antirealistischen Zungenschlag hört, demzufolge wir aus Zusammenhängen der Wirklichkeit einfach machen können, was wir machen wollen, dann versteht man sie falsch. Dass wir unsere Unterschiede zu Tieren durch unsere Antworten auf die entsprechende Frage gestalten, bedeutet, dass wir uns selbst in bestimmter Weise gestalten, indem wir uns Tieren gegenüber positionieren. Das, was uns als Menschen ausmacht, steht demnach nicht einfach so fest, sondern unterliegt einer konstanten Neubestimmung. Eine solche Neubestimmung leisten wir unter anderem durch die Art und Weise, wie wir uns als Tiere oder als von ihnen entfernt verstehen. So ist unser Unterschied zu Tieren aufschlussreich für uns, allerdings nicht in dem Sinn, dass dieser Unterschied sich einfach nachvollziehen ließe, sondern so, dass wir mittels seiner klären, um was es uns als Menschen geht.

Wir gewinnen durch die Überlegungen zur Differenz von Mensch und Tier einen ersten Fingerzeig darauf, wie die Frage, wer wir sind, zu verstehen ist. Die Frage führt dazu, dass wir uns in bestimmter Weise festlegen. Wir machen etwas aus uns, indem wir die Frage, wer wir sind, beantworten. Oder anders gesagt: Wir gestalten uns in bestimmter Weise. Diese Selbstgestaltung ist praktischer Natur.

In allgemeiner Form können wir aus den bisherigen Überlegungen folgende Quintessenz ziehen: Die Frage, wer wir sind, hat keinen kognitiven, sondern einen praktischen Charakter. Unsere Antworten auf diese Frage geben wir nicht aus der unbeteiligten Zuschauerperspektive, sondern aus der Perspektive derjenigen, die praktisch in das Projekt der Realisierung des Menschen verwickelt sind. Wie aber können wir das verstehen? Worin hat die Frage nach uns selbst in diesem praktischen Sinn ihre Wurzeln? Meine weiteren Ausführungen sollen hierauf eine Antwort geben. Sie sollen klären, inwiefern die Frage danach, wer wir sind, für unsere praktische Selbstgestaltung relevant ist.

Die folgenden Überlegungen gehen von nun an in sieben Schritten voran:

Im ersten Schritt setze ich bei der klassischen philosophischen Bestimmung vom Menschen als einem – zumeist im Kontrast zum Tier als solches gefassten – Mängelwesen an. Auch wenn dieser Begriff des Menschen als eines (noch) »nicht festgestellten«, eines »unbestimmten Tiers«[6] vielfach das Selbstverständnis von Menschen prägt, wird er sich doch als unangemessen erweisen.

Der zweite Schritt bringt aus diesem Grund den bereits erwähnten Begriff des Menschen als eines vernünftigen Tiers ins Spiel. Aber auch hier zeigen sich Probleme, deren Kern – so werde ich argumentieren – darin liegt, die für den Menschen charakteristische Unbestimmtheit zu denken.

Um dies möglich zu machen, gilt es im dritten Schritt erst einmal, den wesentlich geschichtlichen Charakter der Realisierung von Vernunft nachzuvollziehen.

Dazu aber gehört, wie ich im vierten Schritt darlege, besonders die stete Drohung, dass vernünftige Praktiken erstarren. Diese Feststellung soll uns zu dem Gedanken führen, dass Vernunft durch selbstkritische Praktiken realisiert wird.

Vor diesem Hintergrund besteht der fünfte Schritt darin, Selbstkritik zu durchdenken. Sie kommt, so argumentiere ich, nur dadurch zustande, dass man die eigenen Überzeugungen und das eigene Handeln an dem misst, was man für bedeutungsvoll erachtet, wobei das, was bedeutungsvoll ist, selbst in eigenen Praktiken etabliert wird.

Im sechsten Schritt vollziehe ich nach, inwiefern selbstkritische Praktiken die für den Menschen charakteristische Unbestimmtheit verständlich machen. Sie ergibt sich gleichermaßen aus der durch Selbstkritik realisierten Öffnung zur Welt, zu anderen und zur Zukunft hin.

Auf Grundlage der ersten sechs Schritte gebe ich dann eine Antwort auf die zentrale Frage, die ich hier schon einmal vorwegnehme, damit zumindest andeutungsweise klar ist, wohin die Reise geht: Wir fragen uns, wer wir sind, um uns auf das festzulegen, was für uns bedeutungsvoll ist und uns so selbstkritisch auf die Welt, die anderen und die Zukunft hin zu öffnen.

Am Ende dieses Essays kehre ich dann zu seinem Ausgangspunkt zurück.

Erster Schritt: Der Mensch – ein Mängelwesen?

Beginnen wir mit einem uns vertrauten Verständnis vom Menschen. Der Mensch ist demnach das Stiefkind der Natur. Alle anderen Tiere haben brauchbare Anlagen bekommen. Sie sind auf genau die Umstände, in denen sie leben, hin eingerichtet, und kommen darin gut klar. Für den Menschen ist hingegen charakteristisch, dass er immer wieder nicht gut klarkommt.

Viele Darstellungen des Menschen in der Kunst lassen sich so verstehen, dass sie genau dieses Nichtklarkommen thematisieren. Denken wir zum Beispiel an einen der Gründungstexte der abendländischen Literatur, die *Odyssee*: Der Held Odysseus will nach dem epischen Kampf um die Stadt Troja nach Hause zurück und gerät dabei auf eine große Irrfahrt. Als er schließlich nach langen Umwegen doch die Heimat erreicht, ist diese nicht mehr das, was sie einmal war. Der Mensch ist nicht beheimatet in der natürlichen Welt.

Entsprechende Darstellungen in der Kunst können so verstanden werden, dass es dem Menschen an Bestimmtheit fehlt. Seit mindestens Johann Gottfried Herder (1744–1803) ist die Unbestimmtheit, die als Charakteristikum des Menschen ausgewiesen wird, im Kontrast zu Tieren bestimmt worden:[7] Tiere haben demnach eine natürliche Bestimmtheit. Sie sind durch besondere Ausprägungen von Sinnesorganen (wie dem Gesichtssinn bei Katzen) und durch besondere Vermögen (wie dem zur Produktion von extrem haltbaren und zugleich elastischen Fäden bei Spinnen) bestimmt. Menschen hingegen fehlt es an besonders ausgeprägten Sinnesorganen und besonderen Vermögen. Sie sind ganz und gar durchschnittlich ausgestattet und aus diesem Grund nicht auf bestimmte Umgebungen hin eingerichtet. Sie sind, wie es bei Helmuth Plessner (1892–1985) prägnant heißt, in ihrer Existenz »wahrhaft auf Nichts gestellt«.[8] Die Unbestimmtheit ihrer durchschnittlichen Ausstattung muss von Menschen wettgemacht werden. Sie müssen also einen Ersatz für die ihnen fehlende Bestimmtheit generieren. Wenn man den Menschen so auffasst, kann man sagen, dass Kultur das ist, was aus den menschlichen Bemühungen um einen Ersatz für ihre natürliche Bestimmtheit hervorgeht. Wie auch immer man hier im Detail denkt: Man geht davon aus, dass der Mensch in der Natur als solcher nicht beheimatet ist. Wir können dies in der folgenden These zusammenfassen:

> (*Die Stellung des Menschen in der Natur*)
> Der Mensch ist ein Naturwesen, das von Natur aus keine spezifische Ausstattung besitzt und sich aus diesem Grund auf die natürlichen Umgebungen, in denen er lebt, von sich aus (durch Kultur) einrichten muss. Oder kurz: Die Spezifik des Menschen ist, dass er keine hat.

Diese These steht im Zentrum einer Konzeption, die ich im Anschluss an Arnold Gehlen (1904–1976) »Mängelwesen-Konzeption« nenne.[9] Auch wenn diese Konzeption sicher etwas trifft, das Menschen ausmacht, so ist sie doch offensichtlich für sich genommen nicht überzeugend. Es stimmt ja schlicht nicht, dass Menschen keine Spezifik haben. Sie haben einen Körperbau, der ihnen einen aufrechten Gang ermöglicht. Sie haben, relativ zu ihrer Körpergröße und ihrem Gewicht, ein großes Gehirnvolumen. Und sie haben vieles andere mehr – nicht zuletzt auch Sexualorgane. Auch wenn Menschen nicht so auf einen bestimmten natürlichen Kontext hin angepasst sind wie zum Beispiel Spinnen, sind sie doch in vielen Hinsichten von Natur aus bestimmt. Das ist ja auch erst einmal nicht weiter verwunderlich. Menschen entstammen wie alle anderen Lebewesen der Evolution natürlicher Arten. Sie sind Organismen, die sich in natürlichen Umwelten entwickelt haben. Im Zuge dieser Entwicklung haben sie zweifelsohne bestimmte Vermögen erworben, die für sie als Menschen charakteristisch sind.

Diese Kritik an der Mängelwesen-Konzeption sollten wir noch einmal in einer allgemeinen Perspektive resümieren: Wenn man den Menschen als von Natur aus unterbemittelt begreift, dann kann man das Verhältnis, in dem Menschen zur Natur stehen, nicht angemessen fassen. Es sieht dann so aus, als seien Menschen von Natur aus von der Natur getrennt. Das aber ergibt wenig Sinn. Von Natur aus sind Menschen natürlich – so natürlich wie alle anderen natürlichen Lebewesen auch. Offensichtlich läuft auch bei Menschen tagein und tagaus ein bestimmter Stoffwechsel ab. Zellen sterben ab und entwickeln sich neu und dies nicht auf Basis irgendwelcher spezifisch menschlicher Errungenschaften, sondern als Momente natürlicher Prozesse. Dem muss man Rechnung tragen.

Man könnte nun sagen: Selbstverständlich sind Menschen als Tiere natürliche Wesen. Aber ihre Besonderheit als Menschen ist, dass die Natur nicht in spezifischer Weise angelegt ist, so dass Menschen sich selbst kulturell bestimmen müssen. Damit aber führt man nur die Trennung dessen, was Menschen ausmacht, von der Natur, innerhalb deren sie sich stammesgeschichtlich entwickelt haben, fort. Um es kurz zu fassen:

(*Mängelwesen versus natürliche Bestimmtheiten*)
Wenn man Menschen als Mängelwesen versteht, kann man ihre natürlichen Bestimmtheiten nicht als etwas begreifen, das sie als Menschen mit ausmacht.

Hinter dieser Problematik, die das Verständnis von Menschen als Mängelwesen kennzeichnet, zeigt sich ein grundsätzlicheres Problem, und zwar ein Problem bezüglich des Verhältnisses, in dem Menschen zur Natur stehen. Unter anderem der religiöse Gedanke vom Menschen als der Krone der Schöpfung und sein kleiner Bruder, derjenige vom Menschen als Bewahrer der Schöpfung, sind symptomatisch dafür, dass Menschen die Tendenz haben, sich von der Natur zu distanzieren. Sie sind aber offensichtlich natürliche Wesen. So steht man vor der Frage, wie sich die Distanz des Menschen zur Natur mit seiner unbestreitbaren Natürlichkeit vereinbaren lässt. Dies ist die erste Frage, deren Relevanz sich hier abzeichnet. Ich will sie folgendermaßen für die weiteren Überlegungen festhalten:

> (*Frage nach dem Verhältnis zur Natur*)
> Wie lassen sich Menschen als nichtnatürlich und natürlich zugleich begreifen?

Die Mängelwesen-Konzeption bietet auf diese Frage keine zufriedenstellende Antwort, da sie die Unnatürlichkeit des Menschen in einseitiger Weise betont. Dadurch aber wird unklar, wie Menschen auch und gerade als Menschen natürliche Wesen sind.

Ein zweites Problem, das sich in der Mängelwesen-Konzeption abzeichnet, ist deutlich abstrakter. Ich will mich ihm anhand eines Beispiels aus dem Film nähern. In *Gilbert Grape – Irgendwo in Iowa* (USA, 1993) wird ein jugendlicher Protagonist dargestellt, der durch seine familiären Umstände (der Vater ist tot, die Mutter ist psychisch labil und der Bruder ist ein Mensch mit Behinderung) gebunden ist. Die Bindungen, in denen der durch Johnny Depp gespielte Gilbert steht, werden nun herausgefordert, als er sich in eine junge Frau verliebt. Der Film zeigt Gilbert als einen Gefangenen seiner Umstände und so als eine Figur, die durch und durch bestimmt ist. Unbestimmtheit ist gerade das, was Gilbert fehlt.

Wenn wir ein wenig nachdenken, werden uns viele Beispiele aus Literatur, Theater und Film einfallen, die sich in verwandter Weise verstehen lassen. Auch ein kurzes Nachsinnen auf politische Zusammenhänge kann uns zu einer ähnlichen Einschätzung bringen: Es ist keineswegs so, dass Menschen Unbestimmtheit sicher ist. Das Gegenteil ist der Fall. Immer wieder stecken Menschen bis zum Hals in bestimmten Verhältnissen, die ihnen keine Spielräume lassen. Denken wir nur an Diktaturen oder andere repressive politische Systeme, wie es sie überall auf der Welt bis zum heutigen Tag gibt. Wenn man ihn in seinen Wirklichkeiten betrachtet, zeigt der Mensch sich vielfach als ein durch und durch bestimmtes Tier. Von Unbestimmtheit ist da wenig zu sehen.

Nun kann man überlegen, ob diese Beispiele nicht schlicht den Punkt verfehlen, an dem die Mängelwesen-Konzeption ansetzt. Ohne Frage geht es dieser Konzeption nicht darum, etwas über die historisch-kulturellen Zusammenhänge auszusagen, in denen Menschen leben, sondern um eine fundamentale Betrachtung des Menschen in seinem Verhältnis zur Natur. Was haben denn, so mag man fragen wollen, die historisch-kulturellen Zusammenhänge mit der fundamentalen Verfasstheit von Menschen zu tun? Ich nenne dies »Rousseaus Einwand«.

Jean-Jacques Rousseau (1717–1778) hat Mitte des 18. Jahrhunderts einen einflussreichen Gedanken formuliert. Er begreift den Menschen als ein von Natur aus freies Wesen, das im Zuge der kulturellen Entwicklung in einen Zustand zunehmender Unfreiheit geraten ist. »Der Mensch ist frei geboren, und überall liegt er in Ketten« heißt es in Rousseaus Hauptwerk *Du contrat social* (*Vom Gesellschaftsvertrag*).[10] Rousseau entwickelt so eine Gesellschaftskritik unter Rückgriff auf eine ursprüngliche Natur des Menschen und zeichnet damit die Grundrichtung vieler gesellschaftskritischer Überlegungen bis in die Gegenwart vor. Die ursprüngliche Natur des Menschen ist demnach im Zuge historischer und gesellschaftlicher Entwicklungen zunehmend verstellt und verfälscht worden.

Diese Gedankenfigur ist an dem Punkt, an dem wir uns gerade mit unseren Überlegungen befinden, aufschlussreich. Rousseaus Position lässt sich gut in dem Vokabular artikulieren, das ich bislang gebraucht habe: Der Mensch ist von Natur aus unbestimmt; Bestimmtheit erhält er erst durch die historisch-gesellschaftlichen Kontexte, in die er im Rahmen der Kultur unumgänglich versetzt ist. Rousseaus Position ist so ein Musterbeispiel für die Unterscheidung zwischen einer grundlegenden Unbestimmtheit des Menschen und all den Bestimmtheiten und Abhängigkeiten, in denen er historisch-kulturell *de facto* steht. Rousseau ist damit – nicht ausdrücklich, sondern indirekt – ein wichtiger Vordenker der Mängelwesen-Konzeption.

Die Gedankenfigur, die ich »Rousseaus Einwand« nenne (in der sich aber – das zu betonen ist mir wichtig – das Denken Rousseaus keineswegs erschöpft), ist aber genauso problematisch wie unhaltbar. Ich will zuerst darlegen, worin ihre Unhaltbarkeit besteht, bevor ich auf ihre problematischen Aspekte zu sprechen komme. Worin besteht die Freiheit des Menschen Rousseau zufolge? Sie besteht in einem Zustand, in dem der Mensch noch nicht mit anderen Menschen im Rahmen historisch-gesellschaftlicher Verhältnisse zusammenlebt – im sogenannten Naturzustand, einem unwiederbringlich verlorenen Zustand vor aller kulturellen Bindung. In einem solchen Zustand aber wird der Mensch schlicht nicht verständlich. Der Mensch ist ein Wesen, das es nur durch und in den Verhältnissen gibt, in denen er zu anderen Menschen steht. Wenn man ihn aus diesen Verhältnissen herauslöst, dann gibt es ihn nicht (mehr).

Der Grundgedanke, auf dem Rousseaus Einwand basiert, ist sehr charakteristisch für eine entscheidende Verwechslung: Verwechselt wird die Unbestimmtheit, die den Menschen als Menschen im Rahmen geschichtlicher Verhältnisse tatsächlich ausmachen kann, mit seiner vermeintlichen grundlegenden Ungebundenheit. Ohne Bindungen aber können Menschen nicht sein. Einen Menschen gibt es nur im Zusammenhang mit (vielen) anderen Menschen. Sofern man Unbestimmtheit als charakteristisch für Menschen erachtet, kann man diese Unbestimmtheit, so zeigt sich, nicht als Ungebundenheit fassen.

Die Verwechslung, die hier im Spiel ist, zeigt die ganze Schwierigkeit der Mängelwesen-Konzeption auf: Sie will eine grundlegende Unbestimmtheit des Menschen zur Geltung bringen. Da diese Unbestimmtheit für das Naturwesen Mensch, von dem gerade Rousseau mit Nachdruck ausgeht, schwerlich geltend gemacht werden kann, wird einfach die Ebene gewechselt und die Unbestimmtheit an der sozialen Konstitution des Menschen festgemacht. Hier aber sind Menschen nun einmal gebunden und damit durchaus bestimmt (was Rousseau ja auch klarerweise behauptet). Eine Konzeption, die Rousseaus Einwand folgt, verliert also die Unbestimmtheit, um die es ihr letztlich wohl geht, aus dem Blick.

Rousseaus Einwand weist – zumindest der Tendenz nach – zudem auch problematische Aspekte auf, die darin liegen, dass er Unbestimmtheit nicht als Aufgabe verständlich macht, vor der Menschen insgesamt und besonders auch in der Einrichtung von Gemeinwesen stehen. Wenn man davon ausgeht, dass der Mensch von Grund auf frei ist, dann ist Freiheit offensichtlich garantiert. Sie mag zwar von spezifischen gesellschaftlichen Zusammenhängen verhindert werden; grundsätzlich aber ist sie fraglos gegeben. Die Kritik gesellschaftlicher Verhältnisse dient auf diese Weise nur der Beseitigung von übermächtigen gesellschaftlichen Strukturen und soll damit zu einer Einrichtung von Gesellschaft führen, die der grundlegenden Freiheit des Menschen gerecht wird. Sie hat nicht den positiven Aspekt, eine Entwicklung von Gemeinwesen hin zur Realisierung von Freiheit anzumahnen.

Problematisch an Rousseaus Einwand ist deshalb besonders, dass ihm zufolge Freiheit – zumindest in ihrer existenziellen Dimension – nicht ernsthaft in Frage stehen kann. Die Freiheit des Menschen steht aber, so lehren Filme wie *Gilbert Grape* und andere Kunstwerke genauso wie viele gesellschaftliche Verhältnisse überall auf der Welt, tatsächlich grundsätzlich und das heißt auch: existenziell in Frage. Sie kann nicht als letztlich gegeben vorausgesetzt werden. Entsprechend lässt sich die Unbestimmtheit des Menschen nicht an den Anfang stellen.

Damit aber ist sie nicht erledigt. Unbestimmtheit ist tatsächlich ein zentrales Moment der Verwirklichung des Menschseins. Nun ist der Begriff der Unbestimmtheit, den ich auf den letzten Seiten schon vermehrt gebraucht habe, ein eher unschönes Beispiel dafür, wie Philosophinnen und Philosophen sprechen, wenn sie unter sich sind. Ich werde diesen Begriff zwar weiterhin verwenden, will aber doch zugleich versuchen, ihn fasslicher zu machen: Ein zentrales Moment der Verwirklichung des Menschseins besteht darin, sich von Bestimmtheiten distanzieren zu können.[11] Wie aber ist dieses Moment zu begreifen, wenn es nicht einfach vorausgesetzt werden kann? An welchem Punkt kommt es in der Bestimmung von Menschen ins Spiel, wenn es nicht die Grundlage dieser Bestimmung abgibt? Ich will diese Frage folgendermaßen festhalten:

(*Problem der Lokalisierung von Unbestimmtheit*)
Wenn man Unbestimmtheit nicht als Grundlage der menschlichen Existenz begreifen kann, stellt sich die Frage, wo und wie sie ansonsten zu lokalisieren ist.

Die Mängelwesen-Konzeption verstehe ich so als einen wichtigen Ausgangspunkt, um sich der Frage, wer wir sind, zu nähern. Sie besagt zu Recht, dass es die Distanzierung von Bestimmtheiten als zentrales Moment des Menschen zu denken gilt. Diese Aufgabe allerdings wird von ihr gewissermaßen nur formuliert und nicht zufriedenstellend erledigt. Wenn man die Distanzierung an den Anfang stellt, wird sie gerade nicht als etwas verständlich, das der Entwicklung bedarf. Was aber könnte es heißen, Unbestimmtheit in dieser Weise als Charakteristikum des Menschen zu fassen?

Zweiter Schritt: Der Mensch – ein vernünftiges Tier?

Man kann aus der Diskussion der Probleme, die sich aus der Mängelwesen-Konzeption ergeben, die Konsequenz ziehen, den Menschen doch als spezifisch bestimmt zu begreifen. Eine passende Bestimmung liegt auf der Hand: Menschen sind vernünftige Tiere. Schon seit jeher ist dies als Begriff des Menschen erwogen worden. So ist bei Aristoteles von einem »zoon logon echon« die Rede, von einem ›Tier, das sich vernünftig äußert‹, wie man in einer etwas freien Übersetzung sagen kann.[12] Der Mensch ist zur Vernunft bestimmt. Andere Tiere haben Bestimmungen wie die einer bestimmten Technik des Beutefangs (wie die Spinne) und einer bestimmten Form der Navigation (wie die Fledermaus). Der Mensch hingegen hat Vernunft. Diese durchdringt alle seine Vermögen, oder anders gesagt: Sie ist nichts anderes als die Art und Weise, wie die unterschiedlichen Vermögen, die der Mensch hat, zusammenspielen.[13] So hat es bereits Herder mit dem Begriff der »Besonnenheit« gesagt: Der Mensch ist »ein *besonnenes Geschöpf*«[14] und aus diesem Grund in ganz eigener Weise organisiert.

Der Gedanke, dass Menschen vernünftige Tiere sind, scheint uns einer Versöhnung dessen, was den Menschen ausmacht, mit der Natur näherzubringen. Menschen sind demnach überhaupt nicht von der Natur getrennt. Der Mensch ist ein durch und durch natürliches Wesen, wobei seine Natur gewisse Besonderheiten aufweist (wie diejenige jedes Lebewesens). Die Besonderheit der menschlichen Natur ist die Vernunft, die dem Menschen so natürlich ist wie der Fledermaus ihre spezifische Echolot-Ausstattung. Aus diesem Grund führt die Besonderheit des Menschen keineswegs zu einer Distanz von Natur, sondern bettet ihn vielmehr nahtlos in sie ein.

Der Vorzug dieser Einbettung allerdings ist durch einen entscheidenden Nachteil erkauft: Wenn man den Menschen als ein durch und durch natürliches Wesen versteht, wird nicht klar, warum der Mensch überhaupt nach sich fragt. Die Spinne fragt ja auch nicht nach sich und ist dennoch mit ihrer Natur auf eine ganz unkomplizierte Weise im Reinen. Und der Mensch? Warum sollte es bei ihm anders sein, wenn all das, was ihn ausmacht, ganz und gar natürlich ist? Natur braucht, so sollte man denken, keine besondere Reflexion. Nun könnte man einwenden, dass dies für die normale Natur gilt, aber nicht für eine Natur, die Vernunft ist. Vernunft bedarf, so könnte man sagen, der Selbstvergewisserung. Wollte man hier nach einer weiteren Begründung fragen, könnte man zum Beispiel sagen, dass sie ansonsten zu verkümmern droht. Das lasse sich dadurch vermeiden, dass man Vernunft immer wieder bekräftigt. Dies sei das Training, das Vernunft immer wieder erfordere. Natürliche Fähigkeiten wollten schließlich auch trainiert sein.

Ein entsprechender Gedankengang greift jedoch nicht, da er mit der Natürlichkeit der Vernunft wiederum nicht Ernst macht. Wenn die Vernunft als natürliches Vermögen eines Trainings bedarf, dann ist dies die Ausübung von Vernunft. Vernünftige Fähigkeiten wollen genauso ausgeübt sein, wie Bewegungs- oder Wahrnehmungsfähigkeiten bei uns und allen anderen Tieren. Wenn man nun denkt, dass die Vernunft einer besonderen Übung bedarf, die anders ausfällt als die Übung anderer natürlicher Vermögen, dann distanziert man sie doch wieder von der Natur. Man setzt dann voraus, dass Vernunft doch nicht ganz so sicher ist, wie andere Vermögen es sind. Sie wäre, so gesehen, doch nicht im normalen Sinn natürlich. Will man sich mit einer solchen Einschätzung nicht zufriedengeben, bleibt es dabei, dass noch keine Erklärung dafür in Sicht ist, warum Menschen sich fragen, wer sie sind.

Es lohnt sich, ein wenig an diesem Punkt zu verweilen. Wenn Vernunft die Natur des Menschen ist, dann ist der Mensch nicht distanziert von der Natur. Nun kann man nochmals erwägen, ob nicht doch eine Erklärung der Frage nach uns selbst verfügbar wird, wenn man sagt, dass die Frage nach sich selbst einfach zur Vernunft gehört. Vernunft ist sich, so ließe sich sagen, aus sich heraus ihrer selbst bewusst. Dieses Selbstbewusstsein könnte erklären, was es mit der Frage, wer wir sind, auf sich hat. Mit diesem Gedanken allerdings sind wir wieder beim Anfang der Überlegungen dieses Essays angelangt. Da hatte ich erwogen, ob die Frage nach uns selbst nicht einfach als theoretisches Unterfangen zu verstehen ist, also als Anwendung unserer kognitiven Vermögen auf uns selbst. Ich hatte argumentiert, dass diese Erklärung nicht angemessen fasst, wie wir in unterschiedlichen Praktiken nach uns fragen. Denn in diesen Praktiken geht es nicht darum, festzustellen, was wir *de facto* tun, sondern es geht darum, zu klären, was zu tun richtig ist, also um das, was wir tun sollen. Die Frage nach uns selbst verstehen wir falsch, wenn wir sie als theoretische Unternehmung begreifen. Entsprechend kommen wir mit einem Verständnis von Vernunft als der Natur des Menschen hier nicht weiter.

Ein solches Verständnis ist aber auch noch aus anderen Gründen problematisch:

Erstens ist die Tatsache, dass hier keine Erklärung der Frage nach uns selbst in Sicht kommt, ein Symptom für das Problem, das Verhältnis zu fassen, in dem wir zur Natur stehen. Bereits in der Diskussion der Mängelwesen-Konzeption sind wir darauf gestoßen, dass es für Menschen entscheidend ist, in einem Verhältnis zur Natur zu stehen (nicht zuletzt zu ihrer eigenen körperlichen Natur). Hier stoßen wir nun auf die Kehrseite dieses Gedankens: Um in einem Verhältnis zur Natur zu stehen, müssen Menschen als in gewisser Weise distanziert von ihr begriffen werden. Genau diese Distanz allerdings fehlt hier. Wenn Vernunft die Natur des Menschen ist, geht der Mensch über Natur nicht hinaus. So fehlt ihm auch jedes Verhältnis zur Natur. Genau dieses Verhältnis aber gilt es zu erklären.

Zweitens wird die für den Menschen entscheidende Distanzierung von Bestimmtheiten nicht verständlich. Nun mag es erst einmal so aussehen, als sei hier von einer solchen Distanzierung im Sinne von Unbestimmtheit überhaupt nicht die Rede. Es kann also überraschend sein, dass ich überhaupt das Thema der Unbestimmtheit wieder aufbringe. Entsprechend muss ich mich erklären. Hinter dem Gedanken von der Vernunft als dem Spezifikum der menschlichen Natur steckt die Idee der Selbstbestimmung. Menschen sind demnach von Natur aus nicht definitiv festgelegt, sondern können von sich aus Bestimmungen hervorbringen. Dies lässt sich auch mit dem Begriff der Unbestimmtheit sagen: Selbstbestimmung setzt ein gewisses Maß an Unbestimmtheit voraus. Wer sich selbst zu bestimmen vermag, muss Spielräume haben, dies zu tun, und darf also nicht restlos bestimmt sein.

Allerdings wird die für Menschen charakteristische Distanzierung von Bestimmtheiten damit nicht angemessen verstanden. Um dies zu erkennen, ist es erst einmal erforderlich zu klären, wie genau sie hier verstanden wird. Ich habe es gerade folgendermaßen formuliert: Unbestimmtheit heißt, nicht (restlos) bestimmt zu sein. Unbestimmtheit wird hier als Abwesenheit von Bestimmung gedacht. Ich will ein solches Verständnis folgendermaßen auf den Punkt bringen:

(*Unbestimmtheit als Abwesenheit von Bestimmungen*)
Wenn man Unbestimmtheit als Voraussetzung von Selbstbestimmung begreift, geht man davon aus, dass Unbestimmtheit in einer Abwesenheit von Bestimmungen besteht.

Dieser Begriff von Unbestimmtheit ist aber unhaltbar, und zwar aus dem Grund, dass das Verhältnis, in dem Unbestimmtheit und Bestimmtheit zueinander stehen, hier nicht richtig ausbuchstabiert wird. Unbestimmtheit ist nicht einfach eine Abwesenheit von Bestimmungen, sondern bedeutet Spielräume innerhalb von Bestimmungen. Aus diesem Grund habe ich auch auf den letzten Seiten immer wieder von einer Distanzierung von Bestimmtheiten gesprochen. Wo Unbestimmtheit realisiert ist, stehen Bestimmungen nicht unverrückbar fest, sondern sind verflüssigt. Das ist offensichtlich dort nicht der Fall, wo Bestimmungen nie in Kraft waren. Ein Zustand gänzlicher Bestimmungslosigkeit ist nicht Unbestimmtheit, sondern tatsächlich nur die Abwesenheit von Bestimmtheit. Unbestimmtheit ist, um es etwas paradox auf den Punkt zu bringen, deutlich bestimmter als ein solcher Zustand. Oder anders ausgedrückt: Unbestimmtheit ist ein Zustand, der über Bestimmtheit hinausgeht. Erst in dieser Weise ist sie angemessen zu fassen.

Sagen wir das noch einmal fasslicher, indem wir eine filmische Reflexion der Distanzierung von Bestimmtheiten in Erinnerung rufen: In seinem Film *Django Unchained* (USA, 2013) thematisiert Quentin Tarantino – wie bereits der Titel anzeigt – die Probleme des Eingeengtseins in Bestimmtheiten im Rahmen sozialer Zusammenhänge. Der Film wirft die Frage auf, wie man sozialen Fesseln (in diesem Fall: den Fesseln der Sklaverei) entkommen kann. Tarantino inszeniert im Sinne der Tradition des Westerns eine Rache-Erzählung, in der es wesentlich darum geht, das, was bestimmend ist und aus diesem Grund unfrei macht, zu zerstören. Genau eine solche Zerstörung aber führt nicht dazu, dass die Fesseln tatsächlich genommen werden. So lässt der Film – durchaus genretypisch – offen, ob der Kampf gegen die Bestimmungen einen positiven Ausgang nimmt. Wenn der Protagonist am Ende mit seiner

Geliebten in die Nacht davonreitet, ist die Aufgabe noch nicht erledigt, sich tatsächlich Spielräume zu erkämpfen.

Die filmische Reflexion zeigt, dass allein aus der Zerstörung der Fesseln nicht Unbestimmtheit hervorgeht. So wird indirekt deutlich, dass Unbestimmtheit nicht jenseits von Bestimmtheit liegt, sondern dort gegeben ist, wo innerhalb von Bestimmtheiten Spielräume gewonnen werden. Insofern können wir sagen, dass Unbestimmtheit nur durch ein Unbestimmtwerden, durch eine – wie zuletzt mehrfach gesagt – Distanzierung von Bestimmtheiten verständlich wird. Damit ist zugleich eine Aufgabenstellung verbunden: Wir müssen verstehen, inwiefern ein solches Unbestimmtwerden für Menschen charakteristisch ist. Gehen wir davon aus, dass sowohl die Mängelwesen-Konzeption als auch diejenige des vernünftigen Tiers grundsätzlich richtig liegen, wenn sie Unbestimmtheit als wesentlich für den Menschen erachten, dass sie allerdings keine angemessene Klärung dieser Unbestimmtheit anbieten, so müssen wir fragen, wodurch diese tatsächlich zustande kommt.

Was ich bislang mit dem Begriff der Unbestimmtheit benannt habe, kann ich mit einem anderen Begriff verbinden, den ich auch bereits mehrfach verwendet habe, und zwar mit dem Begriff der Freiheit. Bereits die Geschichte vom Sündenfall in *Genesis 1* weiß, dass Menschen sich durch Freiheit realisieren. Nun habe ich aber schon in der Diskussion von Rousseaus Einwand dafür argumentiert, dass Menschen nicht einfach so (von Grund auf) als frei begriffen werden können. Gerade wenn man, um dies noch einmal zu betonen, Probleme der Verfasstheit von Gesellschaften bedenkt (wie sie sich in einer extremen Weise in dem Phänomen der Sklaverei zeigen), scheint es absurd, Freiheit als schlichte Gegebenheit zu begreifen. So ist es plausibel, die bislang mit dem Begriff der Unbestimmtheit entfalteten Überlegungen auch auf den Begriff der

Freiheit zu beziehen: Freiheit ist weder eine Grundlage noch eine Selbstverständlichkeit für Menschen, sondern vielmehr eine Aufgabe. Es gilt zu verstehen, wie diese Aufgabe sich genau stellt und wie man ihr gerecht werden kann. Das müssen wir im Hinterkopf behalten.

Dritter Schritt: Die Geschichtlichkeit der Vernunft

Es gilt nun zuerst, eine wichtige Bedingung für die Realisierung von Unbestimmtheit zu bedenken. Sie besagt, dass das, was Menschen ausmacht, sich geschichtlich entwickelt. Das Unbestimmtwerden vollzieht sich in Geschichte. Diese Aussage ist allerdings für sich noch nicht sonderlich klärend, sondern bedarf weiterer Erläuterungen.

Setzen wir dafür noch einmal bei der Bestimmung des Menschen als eines vernünftigen Tiers an. Diese Bestimmung geht, wie schon erwähnt, auf Aristoteles zurück. Sie ist bei ihm mit den Begriffen der Materie und der Form verbunden.[15] Mittels dieser Begriffe bestimmt Aristoteles alles, was ist, indem er es als eine geformte Materie versteht. So ist der Kopf einer Axt ein in bestimmter Weise geformtes Eisen und der Krug ein in bestimmter Weise geformter Ton. In analoger Weise kann man nun über den Menschen sagen, dass er ein in bestimmter Weise geformtes Tier ist. Die bestimmte Form, die das Tiersein im Menschen gewinnt, lässt sich dabei – wie in der Bestimmung des Menschen als eines vernünftigen Tiers – mit dem Begriff der Vernunft fassen. Das Tiersein ist beim Menschen qua Vernunft geformt.

Beim Menschen allerdings fällt das Geformtsein von Material spezifisch aus. Um das zu erkennen, ist es hilfreich, das Beispiel eines in typischerweise geformten Materials zu betrachten: Denken wir an einen Tisch. Ein Tisch kann aus Holz sein. Keinesfalls aber ist er durch dieses Material bestimmt. Erst wenn es eine bestimmte Form annimmt, können wir mit etwas aus Holz als einem Tisch umgehen. Das Material gewinnt durch die Form die Bestimmtheit, die den Gegenstand ausmacht. Diese Bestimmtheit lässt sich als das Potential des

Gegenstands erläutern: Der Tisch hat das Potential, dass auf ihm Bücher abgelegt werden können, dass er zu einem festlichen Essen gedeckt werden kann oder dass sich der Kopf auf ihm ablegen lässt.

Vernunft aber ist nicht in dieser Weise als Potential des Menschen zu begreifen. Zwar hat der menschliche Körper Wahrnehmungsvermögen, affektive Vermögen sowie Bewegungsvermögen und sind solche Vermögen konstitutiv für Vernunft. Dennoch ist es für vernünftige Wesen charakteristisch, dass entsprechende Vermögen selbst distanziert betrachtet und verändert werden können. So kann ich zum Beispiel mein Vermögen, andere Menschen und ihre speziellen Blicke zu sehen, kritisch befragen und aus dieser Befragung heraus modifizieren. Dies kann beispielsweise in Auseinandersetzung mit Gemälden Édouard Manets (1832–1883) geschehen. Ihre eigentümliche Art und Weise, Gesichter zu zeigen, die ins Leere blicken, können mich lehren, dass es verlorene Blicke gibt, die ich bislang immer übersehen habe. Dies kann eine Weiterentwicklung meines Sehens provozieren, die u. a. darin bestehen kann, dass ich sehr viel genauer die Blicke anderer verfolge.

Vernunft erschöpft sich, so können wir aus diesem Beispiel ersehen, nicht in spezifischen Potentialen. Vernunft ist vielmehr damit verbunden, dass Potentiale gestaltet werden können. Wahrnehmungsvermögen, affektive Reaktionen und Bewegungsmechanismen: All solche Vermögen können im Rahmen einer vernünftigen Praxis spezifische Ausgestaltungen erhalten (zum Beispiel in Bezug auf besondere Umwelten wie das Leben im ewigen Eis, im Rahmen asketischer Kulturen oder im Tanz). So legt Vernunft nicht einfach bestimmte Potentiale fest oder besteht ihrerseits in diesen Potentialen. Für sie sind vielmehr Spielräume konstitutiv.

(*Vernunft als Eröffnung von Spielräumen*)
Ein Lebewesen, dessen Praktiken von Vernunft geprägt sind, kann seine Potentiale immer wieder umgestalten.

Die Eröffnung von Spielräumen, die Vernunft ausmacht, vollzieht sich wiederum konstitutiv in Geschichte. So verändern sich die Spielräume, die Menschen jeweils ausmachen, immer wieder. Sie haben kulturell jeweils unterschiedliche Ausprägungen, fallen also sowohl zu verschiedenen historischen Zeiten als auch in verschiedenen kulturellen und sozialen Kontexten unterschiedlich aus. Das gibt uns einen ersten Fingerzeig darauf, dass kulturelle Praktiken für das, was Vernunft ausmacht, entscheidend sind. Und diese kulturellen Praktiken wiederum sind in Gemeinschaften bzw. in Gesellschaften verankert. Dies müssen wir festhalten und später weiter klären.

Vorerst aber ist es wichtig zu überlegen, was es genau heißt, dass Vernunft in Geschichte verwirklicht wird. Fällt Vernunft historisch immer wieder unterschiedlich aus? Ist Geschichte die Abfolge kultureller Formationen? Ich stelle diese Fragen, um deutlich zu machen, dass die These von der geschichtlichen Realisierung der Vernunft mit einer Gefahr verbunden ist, die darin besteht, Vernunft historisch zu relativieren. Damit wird man ihr aber nicht gerecht. Aus der Geschichtlichkeit der Vernunft folgt nicht, dass es Vernunft einfach in einem unbestimmten Plural gibt – in unterschiedlichen historisch-kulturellen Realisierungen. Vernunft ist, so habe ich bislang behauptet, das Eröffnen von Spielräumen. Oder anders gesagt: Vernunft ist Selbstbestimmung. Insofern geht es, wie wir auch bereits gesehen haben, in der Realisierung von Vernunft um die Realisierung von Freiheit. In diesem Sinn ist Geschichte trotz aller unterschiedlichen Ausprägungen von Kulturen als einheitliche Bewegung zu begreifen.[16]

Nun kann man wiederum zu einem umgekehrten Gegeneinwand ansetzen und fragen, ob wir die Unterschiedlichkeit von Kulturen damit zuletzt doch nicht ernst genug nehmen. Ist die Rede von einer Einheit tatsächlich plausibel? Es gilt, an diesem Punkt genauer über Selbstbestimmung nachzudenken, denn die Realisierung von Selbstbestimmung ist das, was Geschichte zusammenhält. Was ist Selbstbestimmung im Sinne von Vernunft? Sagen wir es erst einmal im Geiste Kants: Wer vernünftig ist, folgt nicht einfach Gesetzen, die ihn von außen bestimmen, sondern gibt sich selbst Gesetze, auf die er sich verpflichtet. Worin aber liegt die Selbstgesetzgebung? Um diese Frage zu beantworten, ist erst einmal ein negatives Verfahren hilfreich, also das Bedenken der Frage, was Selbstgesetzgebung beziehungsweise Selbstbestimmung nicht ausmacht.

Befragen wir diesbezüglich eine Gestalt der Weltliteratur, Don Quijote, den Ritter von der traurigen Gestalt. Sein berühmter Kampf gegen Windmühlen zeigt eine Karikatur von Selbstbestimmung, die hier als eine Bestimmung ganz aus sich heraus betrieben wird. Don Quijote ist, so könnte man sagen, in idealer Weise selbstbestimmt: Er setzt sich ganz und gar selbständig alle Ziele seines Tuns, nimmt also in seiner Selbstbestimmung keinerlei Rücksicht auf irgendwelche äußeren Faktoren. Dies führt dazu, dass er durchweg Ziele verfolgt, die sich nicht realisieren lassen. Er macht entsprechend die Erfahrung, dass die Welt sich nicht für seine Ziele interessiert, dass sie resonanzlos bleiben.

Don Quijote bietet so ein Beispiel für ein Zerrbild von Selbstbestimmung, nämlich eine Selbstbestimmung, die sich nicht realisieren kann. Die Unwirklichkeit dieser Vernünftigkeit liegt darin begründet, dass sie nicht in Auseinandersetzung mit der Welt zustande kommt. Der Defekt des Ritters ist nicht, dass er sich selbst Ziele setzt, sondern dass er sich in dieser Setzung nicht auf die Welt einlässt. So ergibt sich eine wichtige Lektion aus dieser literarischen Spiegelung des neuzeitlichen Selbstbestimmungsideals: Selbstbestimmung kann nur durch einen Umgang mit Fremdbestimmung gelingen. Sie bedarf der Impulse durch die Welt und durch andere, auf die man sich einlassen muss, um eigene Bestimmungen zu entwickeln, die der Wirklichkeit Stand halten. So geht Selbstbestimmung von Fremdbestimmtheit aus und kann sich nur durch sie hindurch entwickeln. Pointiert gesagt:

> (*Untrennbarkeit von Selbstbestimmung und Fremdbestimmung*)
> Selbstbestimmung resultiert daraus, dass man in Auseinandersetzung mit der Welt und mit anderen, die einen bestimmen, eigene Bestimmungen entwickelt.

Eine Selbstbestimmung, die ein Subjekt bloß aus sich heraus realisieren will, ist keine. Sie erweist sich sogar, wie *Don Quijote* in ironischer Manier zeigt, letztlich als Fremdbestimmung, verkehrt sich also in ihr Gegenteil. Wer Selbstbestimmung bloß aus sich selbst heraus zu gewinnen sucht, kann nicht anders als fremdbestimmt existieren. Die Verkehrung resultiert daraus, dass Fremdbestimmtheit nicht als Ausgangspunkt von Selbstbestimmung begriffen wird. Fremdbestimmtheit setzt sich so gewissermaßen gerade dort durch, wo man ohne sie zurechtkommen will.

Diese Überlegungen korrespondieren mit denen, die ich oben zum Begriff der für Menschen charakteristischen Distanzierung von Bestimmtheiten angestellt habe. Da hatte ich argumentiert, dass Unbestimmtheit nicht als Abwesenheit von Bestimmtheit gedacht werden kann. Unbestimmtheit geht, so habe ich dargelegt, immer von Bestimmtheiten aus. Genau diese Gedankenfigur wiederholt sich hier. Das kommt nicht von ungefähr. Wie bereits angesprochen, hängen Unbestimmtheit und Selbstbestimmung zusammen. Allerdings nicht so, wie wir in der Erläuterung des vernünftigen Tiers zunächst vorausgesetzt haben. Dort sind wir davon ausgegangen, dass man selbstbestimmt nur dort sein kann, wo man nicht anderweitig bestimmt, also wesentlich unbestimmt ist. Es sah also zuerst so aus, als sei Unbestimmtheit eine Voraussetzung für Selbstbestimmung. Jetzt aber zeigt sich, dass hier von einer Voraussetzung keine Rede sein kann. Unbestimmtheit bedarf genauso der Auseinandersetzung mit Bestimmtheit, wie Selbstbestimmung der mit Fremdbestimmtheit bedarf. So können wir jetzt sagen: Unbestimmtheit realisiert sich durch Selbstbestimmung und umgekehrt. Beide kommen in einem zustande.

Wir können nun besser verstehen, inwiefern die Geschichtlichkeit der Vernunft nicht einfach zu deren Auseinanderfallen in unterschiedliche Kulturen führt, sondern einen Zusammenhang aufweist. Dieser Zusammenhang besteht darin, dass es in der Geschichte immer darum geht, in Auseinandersetzung mit Fremdbestimmtheit und mit unterschiedlichen Typen von Bestimmtheit eine Distanzierung von Bestimmtheiten und damit Selbstbestimmung zu realisieren. Geschichte ist immer die Arbeit an Fremdbestimmtheit, wie sie sowohl von der Natur als auch insbesondere von einzelnen geschichtlich-kulturellen Zusammenhängen ausgehen kann. In der Geschichte geht es darum, dass von Bestimmungen her, mit denen Menschen konfrontiert und von denen sie gebunden sind, Spielräume entwickelt werden und so Momente von Selbstbestimmtheit entstehen. Dies verbindet die immer wieder neue Auslegung von Traditionen in Kulturen, die dem ersten Augenschein nach traditionsgebunden sind, mit gesellschaftlichen Strukturen, die von Individualisierung geprägt sind, und – nicht zuletzt – mit Revolutionen. In sehr abstrakter Betrachtungsweise haben solch unterschiedliche Phänomene eines gemeinsam: In ihnen realisiert sich Vernunft aus einer Distanzierung von Bestimmtheiten und daraus resultierenden Momenten der Selbstbestimmung heraus.

(*Die Einheit der Vernunft in der Geschichte*)
Das Ringen um Spielräume und damit um die Realisierung von Freiheit macht die Einheit der Vernunft in all ihren geschichtlichen Entwicklungen aus.

So können wir nun besser verstehen, inwiefern Menschen als vernünftige Tiere eine Geschichte haben. Sie sind nicht historische Wesen in dem Sinn, dass sich in der Geschichte zufälligerweise unterschiedliche Kulturen und gesellschaftliche Strukturen ausprägen würden, sondern vielmehr in dem Sinn, dass sie aus Situationen der Bestimmtheit und der Fremdbestimmung heraus Unbestimmtheit und Selbstbestimmung zu entwickeln suchen. Geschichte ist in dieser Weise ein konstitutives Moment der Realisierung von Vernunft. Inwiefern aber spielt dabei die Frage, wer wir sind, eine entscheidende Rolle? Um eine Antwort auf diese Frage zu geben, müssen wir noch genauer klären, was Vernunft ausmacht.

Vierter Schritt: Menschliche Erstarrungen und die Aufgabe der Vernunft

Setzen wir dafür bei der Frage an, was die Ausbildung von Vernunft behindert. Wenn Vernunft sich in der Geschichte entwickelt, muss das, was sie verhindert, auch in der Geschichte anzutreffen sein. Und so ist es auch. Immer wieder sind die von Menschen gemachten Ordnungen als solche begriffen worden, die der vernünftigen Selbstbestimmung im Wege stehen. Denken wir an zwei Beispiele: einerseits an absolutistische Herrschaftssysteme in einer Ständegesellschaft und andererseits an patriarchale, männlich dominierte Strukturen. Diejenigen, die in der französischen Revolution gekämpft haben, haben sich gegen die absolutistische Herrschaft als eine Ordnung gewandt, die aus ihrer Sicht falsch war. Dies gilt genauso für diejenigen, die das Wahlrecht für Frauen durchsetzen wollten. Jeweils ist aus Perspektive derjenigen, die an entsprechenden Entwicklungen beteiligt waren, etwas nicht gut gewesen. So kamen sie auf die Idee, eine Verbesserung der herrschenden Ordnungen anzustreben.

Wenn wir das, was die Vernunft verhindert, entsprechend fassen, stehen wir in erster Linie vor zwei Fragen: Wir müssen erstens klären, was an den kritisierten Verhältnissen grundsätzlich problematisch ist, und wir müssen zweitens etwas dazu sagen, wie Kritik an ihnen möglich wird. In beiden Fällen ist es selbstverständlich alles andere als einfach, unterschiedliche historische Situationen und Probleme schlicht auf einen Nenner zu bringen. Was den ersten Punkt angeht, so können wir vielleicht dennoch folgendermaßen eine allgemeine Diagnose geben: Kritisiert werden Verhältnisse, die es einzelnen Individuen oder Gruppen von Individuen nicht erlauben, sich zu entwickeln. Dies gilt für Mitglieder des dritten

Standes in einer ständischen Gesellschaft genauso wie für Frauen in patriarchalischen Verhältnissen. Dass einzelne Individuen oder Gruppen von Individuen sich in entsprechenden Ordnungen nicht entwickeln können, liegt in Festlegungen oder Fixierungen begründet, die für die Ordnungen charakteristisch sind. Einzelne Individuen oder Gruppen von Individuen sind hier zum Beispiel auf spezifische Rollen festgelegt, die ihnen keinen Spielraum lassen. Sie können nicht von sich aus zur Geltung bringen, was ihnen wichtig ist, sondern werden darin von außen bestimmt. Gesellschaftliche Ordnungen, die in dieser Weise eine Kritik von Seiten einiger der an ihnen Beteiligten provozieren, können wir als – zumindest in mancher Hinsicht – einengend und erstarrt begreifen (das heißt selbstverständlich nicht, dass alle Beständigkeit gesellschaftlicher Ordnungen problematisch ist; Beständigkeit ist für sie vielmehr immer wieder entscheidend). Wer sie in der angedeuteten Weise kritisiert, macht geltend, dass sie oder er sich nicht so entfalten kann, wie es ihr oder ihm wichtig ist.

In der Kritik an einengenden und erstarrten Ordnungen spielt immer das eine Rolle, was einzelnen Beteiligten wichtig ist. Das gibt uns einen ersten Fingerzeig darauf, wie Kritik hier funktioniert. Die Beteiligten beziehen sich auf etwas, das ihnen wichtig ist, zum Beispiel auf Größen wie Chancengleichheit oder Gleichberechtigung. Im Namen entsprechender Kriterien oder Maßstäbe üben sie Kritik und fordern eine Veränderung der Verhältnisse ein. Die Kriterien oder Maßstäbe, die dabei ins Spiel kommen, dürfen nicht nur denjenigen, die ihre Kritik vorbringen, wichtig sein, sondern müssen insgesamt im Rahmen der Gesellschaft zumindest in gewisser Weise Anerkennung finden. Die Kritik an Festlegungen und Erstarrungen geht so letztlich von einer Gesellschaft insgesamt aus. Sie ist insofern als eine Selbstkritik zu begreifen.

Wir müssen nun weiter klären, was hinter dem steckt, was ich eben als »Kriterien« und »Maßstäbe« bezeichnet habe. Mit diesen Bezeichnungen erwecke ich den Eindruck, als gehe es um neutrale Beurteilungen (wie im naturwissenschaftlichen Experiment). Das ist aber nicht der Fall. Entscheidend für eine Kritik an Einengungen und Erstarrungen ist, dass denjenigen, die die Kritik üben, etwas wichtig ist. Es ist schwer, ein gutes Wort dafür zu finden. In der Geschichte der Philosophie ist unter anderem von »Ideen« gesprochen worden (dieser Begriff geht auf Platon, 428/427 – 348/347 v. Chr., zurück und wird in der Bedeutung, um die es mir hier geht, prominent von Kant und Hegel verwendet). Martin Heidegger (1889–1976) spricht hingegen von einem »Entwurf«.[17] Auch wenn mit diesen Wörtern und Begriffen hilfreiche Fingerzeige für ein Verständnis der Struktur gesellschaftlicher Selbstkritik gegeben sind, trifft keines bzw. keiner von ihnen überzeugend das, worum es geht. Dies liegt darin begründet, dass die Wichtigkeit der Orientierungsgrößen für die Beteiligten in ihnen nicht artikuliert ist. Wer Kritik an Einengungen und Erstarrungen übt, verfolgt nicht nur Ideen oder Entwürfe; sie oder er verfolgt etwas, das ihr oder ihm wichtig ist. Entsprechend ist auf der Schwelle vom 19. zum 20. Jahrhundert von manchen Philosophien der Begriff des Wertes herangezogen worden.[18] Aber dieser Begriff legt in einer problematischen Weise nahe, es gehe hier um feststehende Größen, die Grundlage aller Bewertung sind, und drückt nicht aus, dass die Bewertung sich an etwas festmacht, das für diejenigen, die sie vornehmen, wichtig ist.

Ich denke, dass wir aus den vielfältigen Versuchen von Philosophien, einen geeigneten Begriff für die in der gesellschaftlichen Selbstkritik wirksamen Maßstäbe und Kriterien zu finden, den Schluss ziehen müssen, dass wir in der Umgangssprache gar nicht über einen solchen Begriff verfügen. Aus diesem Grund schlage ich einen Begriff vor, der etwas hölzern ist, der aber aus meiner Sicht das, worum es geht, am besten fasst, und zwar den Begriff des »Bedeutungsvollen«. Wer Kritik an Einengungen und Erstarrungen übt, orientiert sich in seiner Kritik an etwas, das bedeutungsvoll für sie oder ihn ist. Was in diesem Sinn bedeutungsvoll für jemanden ist, ist in grundsätzlicher Weise wichtig für sie oder ihn. Das Bedeutungsvolle ist als Grundlage unserer Deutungen der Welt und unserer selbst seinerseits – das schwingt in meiner Wortwahl mit – das Ergebnis eines gemeinsamen Deutens. Die Deutungen, die uns anleiten, bringen uns dazu, uns von den Verhältnissen, in denen wir stehen, zu distanzieren und Weiterentwicklungen dieser Verhältnisse anzustoßen. Das, was uns wichtig ist, bringt uns dazu, die Verhältnisse und damit auch uns selbst zu verändern. Die Kritik, die hier zum Tragen kommt, ist eine Selbstkritik.

Wir können nun dem Ansatz nach verstehen, inwiefern für Vernunft diese Praktiken der Selbstkritik entscheidend sind. Fassen wir die Überlegungen zur Kritik an Einengungen und Erstarrungen in diesem Sinn mit Blick auf ein Verständnis von Vernunft zusammen:

> (*Grundlegendes Moment von Vernunft*)
> Für die Realisierung vernünftiger Selbstbestimmung ist es entscheidend, nicht in den eigenen Bestimmungen zu erstarren, sondern sie immer wieder unter Rekurs auf das, was für einen bedeutungsvoll ist, kritisch zu reflektieren.

Vernunft ist auf diese Weise nicht mit der Verwirklichung einer eigenen Ordnung verbunden, wie Philosophinnen und Philosophen immer wieder gedacht haben.[19] Vernünftig ist eine Praxis ausschließlich dadurch, dass alle Bestimmungen, die für diese Praxis leitend sind, immer wieder kritisch hinterfragt werden, so dass sie nicht einfach auf selbstverständliche Weise vernünftig ist.

Folgende Fragen können eine entsprechend vernünftige Haltung umreißen: Sollten wir unsere Einstellungen gegenüber Menschen aus fremden Kulturen revidieren? Wie können wir unsere Lebensweise ändern, um natürliche Ressourcen stärker zu schonen? Oder mit Blick auf Probleme in zwischenmenschlichen Beziehungen: Ist es richtig, in einem solchen Fall eifersüchtig zu sein? Vernunft hängt so nicht in erster Linie daran, dass man sich zum Beispiel von der kausalen Ordnung der Natur abhebt. Entscheidend für sie ist vielmehr, dass ihr immer ein Festgestelltsein und Erstarren von Bestimmungen droht, wobei dieses Festgestelltsein und Erstarren aus der vernünftigen Praxis selbst hervorgeht. Insofern gehört zur historischen Verwirklichung von Vernunft der Kampf der Vernunft gegen ihr eigenes Festgestelltsein und gegen ihre Erstarrungen. Die Französische Revolution und die Frauenbewegung sind genau aus diesem Grund als historische Momente der Realisierung von Vernunft zu begreifen.

Das Verständnis von Vernunft, zu dem wir nun gelangt sind, bestätigt sich, wenn wir danach fragen, was wir als vernünftig bezeichnen. Dabei ist es vielleicht einfach, erst einmal über einen Ausschluss vorzugehen, also zunächst zu fragen, wen wir unvernünftig nennen. Unvernünftig erscheint uns jemand, der gegen alle Evidenzen an bestimmten Überzeugungen, Zielen und anderem festhält. Wer zum Beispiel unbedingt Werbetexter werden will, obwohl er im Umgang mit Sprache keine Begabung und auch kein Interesse hat, scheint uns nicht sonderlich vernünftig. Vernünftig ist auch nicht, wer ohne besondere Notwendigkeit arbeiten geht, obwohl er krank ist. Jeweils zeigt sich hier Unvernunft als Resultat einer mangelnden Bereitschaft, auf die Realität einzugehen.

Dies kann uns nach den Überlegungen des zurückliegenden Abschnitts nicht überraschen. Dort hatte ich argumentiert, dass Selbstbestimmung nur durch einen Umgang mit Fremdbestimmtheit möglich ist. Da Selbstbestimmung für Vernunft zentral ist, verwundert es so nicht, dass es unvernünftig ist, wenn man sich als nicht offen für äußere Bestimmungen erweist. Genau als solche kann man Unvernunft in den genannten Beispielen auch erst einmal verstehen. Sie geht allerdings noch weiter. Es ist ja keineswegs gesagt, dass es in den Beispielen keine Offenheit für äußere Bestimmungen gibt. Möglicherweise sind diejenigen, um die es hier geht, durchaus in der Lage, zu sehen, dass sie keine besondere Begabung für den kreativen Umgang mit Sprache haben oder dass es der Gesundheit nicht zuträglich ist, in einem kranken Zustand zur Arbeit zu gehen. In solchen Fällen liegt die Unvernunft in etwas anderem, nämlich darin, dass man die Einsicht in äußere Bestimmtheiten nicht zur Revision bestimmter Überzeugungen und Ziele nutzt. Kurz gesagt: Es fehlt demjenigen, der unvernünftig ist, an Selbstkritik.

Entscheidend für Vernunft ist so, dass sie gewissermaßen aus sich heraus verlorengehen kann. Gerade dort, wo man sich – sowohl individuell als auch als historisch geprägtes Gemeinwesen – an ganz eigene Bestimmungen klammert, kann genau das verloren gehen, was Vernunft ausmacht: Selbstkritik. Aus diesem Grund gehört es zur Realisierung von Vernunft auch, zu verstehen, was Vernunft ist. Erst dann, wenn ein solches Verständnis gewonnen ist, wird begreiflich, inwiefern das Festgestelltsein und das Erstarren die Vernunft bedrohen. Für eine vernünftige Praxis ist es wichtig, Einengungen und Erstarrungen im Sinne eines Mangels an Selbstkritik zu verhindern. Wenn wir es so formulieren, dann sehen wir auch, dass kulturelle Beständigkeit nicht gleich Einengung und Erstarrung bedeutet. Menschen suchen immer wieder auch, Beständigkeit in ihren Orientierungen zu erlangen. Solange eine solche Beständigkeit mit Selbstkritik verbunden ist, liegt kein Problem vor. Geht die Selbstkritik jedoch verloren, erscheint etwas, das beständig ist, als unverrückbar. Es gilt zu begreifen, dass dies ein Fehler ist. Aus diesem Grund ist es für unseren Anspruch, vernünftig zu sein, wichtig darüber nachzudenken, was uns Menschen ausmacht. Dieses Nachdenken kann uns dazu führen, zu erkennen, dass wir immer wieder geneigt sind, uns falsch zu verstehen.

Ein solches Missverständnis können wir nach den Überlegungen, die hinter uns liegen, auch so umreißen: Es liegt darin, dass eine bestimmte Ordnung als Paradigma vernünftiger Praxis genommen wird. Die Erstarrung wird damit als Lösung und nicht als Problem betrachtet. In der Einleitung dieses Essays habe ich ein Missverständnis in diesem Sinn als Naturalisierung bezeichnet: Es wird fälschlicherweise unterstellt, der Mensch habe eine bestimmte (Vernunft-)Natur, die ihn ausmache. Damit aber verfehlt man das, was Vernunft ausmacht: ihre konstitutive Offenheit im Sinne von Selbstkritik.

Ich will die Überlegungen der zurückliegenden Seiten noch einmal anders resümieren: Wenn man Festgestelltsein und Erstarrungen als das Problem erkennen will, das sie im Rahmen der Realisierung von Vernunft darstellen, gilt es, die Frage zu verfolgen, was der Mensch ist. Eine entsprechende Auseinandersetzung mit uns selbst können wir als philosophisch bezeichnen. Sie ist dabei nicht notwendigerweise auf die Disziplin eingeschränkt, die an Universitäten studiert werden kann und gelehrt wird. Gerade aus diesem Grund ist es wichtig, dass das philosophische Nachdenken darüber, was uns ausmacht, eine Sprache findet, die nicht darauf angelegt ist, in den Mauern der Universität zu verbleiben. Diese Sprache darf sich wiederum auch nicht auf die Gepflogenheiten der Alltagssprache – also dessen, was man so sagt – beschränken. Sie muss immer wieder in der Lage sein, den Bildern, die wir von uns selbst haben, neue Anstöße zu geben.

Fünfter Schritt: Selbstkritische Praktiken

Die Frage, was für eine vernünftige Praxis entscheidend ist, hat uns zum Begriff der Selbstkritik geführt. »Selbstkritik« ist ein großes Wort. Es klingt nach Bereuen, nach Selbstzurücknahme sowie nach Sack und Asche, also, kurz gesagt: nach übersteigertem Protestantismus. So aber meine ich es nicht. Von »Selbstkritik« rede ich in einem neutralen Sinn. Es handelt sich um die Haltung, die eigenen Überzeugungen, Wünsche und Absichten Widersprüchen oder Widerständen auszusetzen. Selbstkritik verstehe ich so primär als eine Haltung, die die eigenen Bestimmungen in Auseinandersetzung mit der Welt und mit anderen einer steten Revision unterzieht. Ich kann das auch noch einmal anders ausdrücken, indem ich auf die Überlegungen zum Begriff der Selbstbestimmung zurückkomme: Selbstbestimmung, die ihrem Begriff gerecht wird, ist Selbstkritik; sie ist so verfasst, dass sie eine Auseinandersetzung mit Fremdbestimmung einschließt. Auf eine knappe Formel gebracht:

> (*Vernunft als Selbstkritik*)
> Vernunft besteht in der Haltung, die eigenen Überzeugungen, Wünsche und Absichten durchweg in Orientierung an dem, was für uns bedeutungsvoll ist, der Kritik durch die Welt und durch andere auszusetzen.

Selbstbestimmung gewinnt mit dieser Charakterisierung von Vernunft eine klare Kontur. Sie ist nicht einfach als Selbstgesetzgebung zu verstehen, also als das eigene Etablieren von Regeln, die man im Handeln verwirklicht. Vielmehr handelt es sich um das Verfolgen von dem, was Individuen und Gemeinschaften in je spezifischen, geschichtlichen Zusammenhängen als etwas für sie Bedeutungsvolles erachten. An diesem Bedeutungsvollen werden die Welt, die anderen und besonders auch das eigene Tun und Denken gemessen. Selbstbestimmung bedeutet so nicht, dass man einfach das umsetzt, was eigener Bestimmung entspringt, sondern sie liegt in der Beurteilung von Handlungen und Zusammenhängen in der Welt. Um eine solche Beurteilung möglich zu machen, muss das, was bedeutungsvoll ist, bestimmt und festgehalten werden. Auf diese Weise zeigt Selbstbestimmung sich als Selbstkritik und zeigt umgekehrt Selbstkritik sich als Selbstbestimmung. Selbstkritik wird also nur dadurch realisiert, dass man sich im Lichte dessen, was einem wichtig ist, beurteilt. So gewendet hat Selbstkritik ihre Basis in Selbstbestimmung:

> (*Selbstkritik durch Selbstbestimmung*)
> Eine Kritik durch die Welt und durch andere ist nur dann möglich, wenn man sich an das hält, was man in Auseinandersetzung mit anderen und zusammen mit ihnen selbst als für sich bedeutungsvoll bestimmt hat.

Für die Bestimmung dessen, was als bedeutungsvoll erachtet wird, ist eine Distanz gegenüber bloß äußeren Bestimmungen entscheidend. Diese Distanz wird zum Beispiel durch Diskussionen über die Einschätzung und die Bewertung von Verhalten, moralischen Regeln, Institutionen und anderem gewonnen. Sie ist also nicht einfach als eine innerliche Distanz zu verstehen – nach dem Motto: Das halte ich mir lieber vom Hals. Die Distanz ist dadurch begründet, dass das, was uns wichtig ist, bestimmt und festgehalten wird.

Wie aber geht die Bestimmung, von der hier die Rede ist, vonstatten? Drei Aspekte sind hier entscheidend:

Dem ersten Aspekt können wir uns in einer ersten Annäherung zuwenden, indem wir das Vorgehen auf den zurückliegenden Seiten reflektieren. Ich habe für die bisherigen Darlegungen zu Verständnissen, die Menschen von sich gewonnen haben, immer wieder auf literarische Texte und auf Filme zurückgegriffen. Ich kann mein Vorgehen verallgemeinernd beschreiben, indem ich sage, dass ich immer wieder Kunstwerke einbezogen habe. Das habe ich nicht nur der Anschaulichkeit und Lesbarkeit halber getan. Vielmehr hat mich die Überzeugung geleitet, dass Kunst eine wichtige Praxis für uns ist, um das zu bestimmen, was für uns bedeutungsvoll ist.

Kunst ist selbst etwas, das für Menschen Bedeutung hat. In der Form von Ritualen, von Musik in Gottesdiensten, von großen Hymnen auf Popkonzerten, von kurzen Gedichten, von Theaterstücken, von Romanen und von vielem anderem mehr bedeuten Kunstwerke viel für uns. Oftmals hat man den Eindruck, dass Kunstwerke etwas ganz Besonderes sind. Aus diesem Grund mag es naheliegen zu denken, dass Kunstwerke eine ganz außerordentliche Bedeutung haben und deshalb nicht zu dem gehören, was das menschliche Leben ansonsten ausmacht. Das aber ist ein Irrtum. Die Bedeutung, die Kunstwerke gerade in all ihrer Unterschiedlichkeit für uns haben, erklärt sich daraus, dass wir mittels ihrer bestimmen, was für uns bedeutungsvoll ist, dass wir durch sie Deutungen gewinnen, die uns in unserer Selbstkritik orientieren. Wir klären mit ihrer Hilfe zum Beispiel unser Verständnis von menschlicher Heimatlosigkeit, von Großzügigkeit, Nächstenliebe, von Geschlechterrollen in einer bürgerlichen Gesellschaft, von einem gelungenen Leben etc. Nicht zuletzt kehren wir immer wieder zu bestimmten Kunstwerken zurück, um uns dessen zu versichern, was für uns und unser Verständnis unserer selbst in der Welt bedeutungsvoll ist. Und wir kehren auch zu Kunstwerken zurück, um uns darin zu verunsichern, was uns auf eine allzu selbstverständliche Art und Weise bedeutungsvoll zu sein scheint.

Das, was für uns bedeutungsvoll ist, wird aber bei weitem nicht nur in Kunstwerken bestimmt, sondern in vielen anderen Praktiken mehr. Zu ihnen gehören unter anderem religiöse Praktiken, Therapien, Diskussionen und Praktiken in den Wissenschaften. In all solchen Praktiken werden Kriterien und Maßstäbe festgelegt, an die wir uns binden. Denken wir zum Beispiel an das christliche Konzept der Nächstenliebe, wie es in vielen Predigten ausgelegt wird: Dieses Konzept umreißt etwas, das für viele von uns bedeutungsvoll ist. Oder denken wir an den Begriff der Selbsttäuschung, wie wir ihn sowohl in therapeutischen Kontexten als auch in persönlichen Diskussionen profilieren. Auch mit diesem Begriff bestimmen wir etwas, das für uns im Sinne eines Maßstabs für uns und andere wichtig ist. Nicht zuletzt sind auch die Philosophie und alle im weitesten Sinne philosophischen Diskussionen und Texte Arten und Weisen, in denen wir etwas aufklären und bestimmen, das für uns bedeutungsvoll ist. Dazu ließe sich noch sehr viel mehr sagen, aber ich hoffe, dass im Grunde deutlich ist, wie vielfältig die Praktiken sind, mit denen wir uns des für uns Bedeutungsvollen versichern, und wie unterschiedlich das für uns Bedeutungsvolle ausgeprägt sein kann.

Wie aber – und damit komme ich zum zweiten Aspekt, den es zu klären gilt – geht die Bestimmung dessen, was für uns bedeutungsvoll ist, in all diesen Praktiken vonstatten? Wenn man an philosophische Diskussionen oder an Predigten denkt, ist diese Frage vordergründig eher leicht zu beantworten: Hier werden Begriffe geklärt und geschärft, die etwas für uns Bedeutungsvolles artikulieren. Wenn man an alltägliche Diskussionen oder therapeutische Gespräche denkt, mag es schon etwas schwieriger werden, zu sagen, inwiefern hier das uns Bedeutungsvolle einer Revision unterzogen wird. Hier stehen ja Begriffe oftmals nicht besonders im Fokus, sondern geht es um besondere Geschehnisse oder Gegenstände. In diesem Fall trägt die Artikulation dieser Geschehnisse und Gegenstände dazu bei, dass wir klären, was uns wichtig ist. Wir können eine solche Klärung eben auch dadurch gewinnen, dass wir lernen, etwas, das uns geschehen ist oder wovon wir hören, in treffender Weise zu artikulieren.

Besonders unklar scheint erst einmal, wie wir in unserer Auseinandersetzung mit Kunstwerken etwas für uns Bedeutungsvolles festlegen können sollten. Wir sehen ein Gemälde, hören Musik oder bewegen uns durch ein Gebäude: Inwiefern haben solche Praktiken einen Einfluss auf das, was für uns bedeutungsvoll ist? Denken wir an ein Gemälde von Paul Cézanne (1839–1906, zum Beispiel an eines der Bilder der *Montagne Sainte-Victoire*): Dieses Gemälde fordert von uns, in einer neuen Weise zu sehen. Es lädt uns dazu ein, unser Sehen völlig neu zu entwickeln. Es geht dabei nicht einfach darum, anders, sondern besser und angemessener zu sehen. Insofern trägt das Gemälde dazu bei, eine Praxis des Sehens zu entwickeln, die für uns bedeutungsvoll ist. In analoger Weise kann uns die Auseinandersetzung mit Musik dazu führen, einen spezifischen Affekt angemessener zu erleben, oder die Auseinandersetzung mit Architektur dazu, uns körperlich in einer besonders freien Art und Weise zu bewegen. Die Klärung dessen, was für uns bedeutungsvoll ist, erfolgt in all diesen Fällen auf eine ganz praktische Weise: Es zeigt sich, dass zu dem für uns Bedeutungsvollen auch zum Beispiel eine bestimmte Weise des Sehens, des Affekterlebens oder der körperlichen Bewegung gehören kann.

Damit komme ich zum dritten Aspekt, der in der Bestimmung dessen, was für uns bedeutungsvoll ist, eine zentrale Stellung einnimmt, und zwar dem Konflikt. Dieser zeigt sich an der Philosophie in besonderer Deutlichkeit, denn die Philosophie braucht die Kontroverse, die im Gespräch ebenso stattfindet wie zwischen den großen Geistern. So streiten unter anderem Aristoteles, René Descartes (1596–1650) und Hegel miteinander darum, was den menschlichen Geist ausmacht.

Die Philosophie zeigt so, dass das, was für uns wichtig ist, grundsätzlich mit Kontroversen verbunden ist. Diese Kontroversen haben den Charakter unlösbarer Konflikte (bereits die Platonischen Dialoge enden nach einem landläufigen Verständnis ja zumeist in unauflösbaren Widersprüchen bzw. Aporien). Das aber ist kein Unfall, sondern konstitutiv dafür, dass etwas für uns bedeutungsvoll ist. Es ist ein wesentlicher Aspekt der Klärung dessen, was für uns bedeutungsvoll ist, dass diese Klärung niemals an ein Ende kommt.

Dies können wir unter anderem von der Drohung des Erstarrens her begreifen: All das, was bedeutungsvoll ist, muss immer wieder kritisch geprüft werden; es gilt immer wieder zu fragen, ob es tatsächlich in dieser Weise Bestand hat. Diese kritische Prüfung geschieht nicht aus dem neutralen Blickwinkel der ruhigen Betrachtung eigener Orientierungen, sondern ist oft mit Unzufriedenheit und dem Gefühl der Nichtzugehörigkeit verbunden. So kommt Kritik an etwas, das im Rahmen eines Gemeinwesens als bedeutungsvoll gilt, immer wieder aus Perspektiven, die sich in dem Gemeinwesen, um das es geht, nicht richtig wiederfinden. Die Kritik nimmt gerade dann notwendig die Form des Konflikts an. Das Befragen dessen, was bedeutungsvoll ist, zielt auf dessen Revision.

Das heißt nicht, dass jede Kritik an dem, was als bedeutungsvoll gilt, im Rahmen gesellschaftlicher Auseinandersetzungen berechtigt ist. Im Laufe von Konflikten kann sich immer wieder herausstellen, dass kein gewichtiger Grund zu einer Revision dessen, was als bedeutungsvoll gilt, gegeben ist. Allerdings wird es häufig so sein, dass keine Einigkeit darin besteht, welche Revisionen tatsächlich in der Sache gefordert sind. Konflikte in Bezug auf das Bedeutungsvolle sind nicht einfach lösbar, und vielfach sind sie sogar überhaupt nicht lösbar. In vielen Fällen, in denen sie sich als unlösbar erweisen, müssen die Kontroversen in Bezug auf bestimmte Orientierungen als entscheidend für die Bedeutung dieser Orientierungen begriffen werden.

Denken wir zum Beispiel an Therapien oder an Diskussionen unter Freundinnen und Freunden. Hier kann es beispielsweise umstritten sein, was es genau heißt, mit sich im Reinen zu sein, oder was es bedeutet, unter einer Traumatisierung zu leiden. Oder denken wir an Egoismus als Orientierungsgröße für die Gestaltung sozialer Beziehungen. Wenn ein Verhalten als egoistisch kritisiert wird, wird es immer wieder zu der Entgegnung kommen, dies sei kein Egoismus, sondern dem Erfordernis geschuldet, auch einmal etwas für sich selbst zu tun. Oder denken wir an Kunstwerke und religiöse Vorstellungen: Diese wollen ausgelegt und aktualisiert werden, sind also immer von Kontroversen darüber geprägt, wie sie zu verstehen und zu interpretieren sind. Was für uns bedeutungsvoll ist, lässt sich in all diesen Fällen nicht konfliktfrei und harmonisch bestimmen, sondern ist mit einem Gegeneinander von Perspektiven verbunden, die vielfach in unauflösbaren Widersprüchen zueinander stehen. Aus solchen Widersprüchen heraus werden die Orientierungsgrößen, um die es geht, immer wieder befragt. So halten entsprechende Widersprüche nicht zuletzt die kritische Reflexion am Leben.

Wir sehen also, dass Praktiken der Selbstkritik in der Bestimmung dessen, was bedeutungsvoll für uns ist, ein konflikthaftes und konfliktträchtiges Geschäft sind. Menschen legen nicht einfach miteinander kurz und bündig fest, was sie in ihrer Selbstkritik und damit in der Realisierung von Vernunft leitet. Sie benötigen dafür den Streit, also die Konfrontation unterschiedlicher Vorstellungen und Perspektiven. Der Streit darüber, was uns wichtig ist, ist so nicht als ein Unfall zu begreifen, der vermieden werden könnte, wenn wir uns nur besser verstehen oder uns aufrichtiger zueinander verhalten würden. Ganz im Gegenteil: Sich ernsthaft auf die Frage einzulassen, was uns wichtig ist, bedeutet, sich im Konflikt mit anderen über Grundorientierungen der eigenen Existenz auseinanderzusetzen. Ohne entsprechende Kontroversen bliebe das, was uns wichtig ist, ohne klare Kontur.

> (*Der konstitutive Charakter von Kontroversen und Konflikten*) Das, was für uns in dem Sinne bedeutungsvoll ist, dass es uns in unserer Selbstkritik und damit in der Realisierung von Vernunft leitet, gewinnt erst dadurch Kontur, dass es in Kontroversen und Konflikten darüber, was uns wichtig ist, geschärft wird.

Kontroversen und Konflikte aber ergeben sich nicht einfach so. Dies bringt mich zu einem letzten Aspekt, den es in Bezug auf die Bestimmung dessen, was für uns bedeutungsvoll ist, noch zu klären gilt, und der die Interaktion von Akteuren im Rahmen von Kontroversen und Konflikten betrifft. Entscheidend für Kontroversen und Konflikte ist, dass Individuen trotz unterschiedlicher Perspektiven aufeinander eingehen. Ein Streit setzt voraus, dass die an ihm Beteiligten ihre Perspektiven zur Geltung bringen können – und genau darin liegt ein wesentliches Moment von Freiheit. Deutlich machen lässt dieses Moment sich unter anderem am Akt eines Widerspruchs im Rahmen einer Diskussion oder eines persönlichen Gesprächs: Wenn eine dem anderen widerspricht, dann ist einerseits der Widerspruch selbst ein Akt der Freiheit und räumt zugleich dem anderen Freiheit ein und dies in folgender Weise: Wer anderen widerspricht, der nimmt für sich den Spielraum in Anspruch, etwas von sich aus zur Geltung zu bringen. Anders gesagt: Wer anderen widerspricht, nimmt Freiheit für sich in Anspruch. Zugleich aber bringt der Widerspruch diejenige, der widersprochen wird, in die Position, entgegnen zu können. Der Widerspruch präsentiert so nicht nur eine eigene Sichtweise, sondern fordert und akzeptiert sie auch von der Gesprächspartnerin. Ohne diese Akzeptanz hat der Widerspruch keinen Sinn. Insofern gewinnt diejenige, der widersprochen wird, im Widerspruch die Freiheit, etwas von sich aus zur Geltung zu bringen. Dies lässt sich auch noch einmal im Kontrast zur Erstarrung von Strukturen begreifen: Dort, wo Unterdrückung herrscht oder Machtstrukturen gesichert werden sollen, sind Widersprüche gerade ausgeschlossen.

So tragen Praktiken der Selbstkritik nicht nur dadurch zur Realisierung von Freiheit bei, dass sie mit einer eigenen Bestimmung dessen, was bedeutungsvoll ist, verbunden sind. Die Prozesse dieser Bestimmung selbst sind, aufgrund der Kontroversen und Konflikte, mit denen sie konstitutiv verbunden sind, wesentlich für die Realisierung von Freiheit und Selbstbestimmung. Es ist also anders herum, als wir vielleicht erst denken würden: Wir stellen nicht fest, dass wir frei sind oder zur Freiheit bestimmt oder so ähnlich, wenn wir uns fragen, was für uns bedeutungsvoll ist, sondern realisieren genau dadurch Freiheit, dass wir diese Frage in Auseinandersetzung mit anderen verfolgen. Praktiken, durch die wir das, was für uns bedeutungsvoll ist, bestimmen, sind zentral für die Art und Weise, wie wir in Interaktion mit anderen frei und selbstbestimmt zu sein vermögen. Wir sind in unserer Freiheit und Selbstbestimmung immer an andere gebunden, sind also nicht aus uns heraus frei und selbstbestimmt, sondern sind dies nur im Zusammenwirken mit anderen. Unsere Freiheit widerspricht also nicht, wie man vielleicht erst denken könnte, der Freiheit der anderen, so dass wir alle uns in unserer Freiheit zu beschränken hätten, um miteinander auskommen zu können. Die konflikthafte Interaktion, in der wir wechselseitig Freiheit gewinnen, bringt uns vielmehr zusammen.

Sechster Schritt: Offenheit durch Vernunft

Nach diesen Klärungen bezüglich dessen, was Vernunft ausmacht, können wir uns nun dem Begriff der Unbestimmtheit zuwenden. Ich habe bereits angemerkt, dass dieser Begriff nicht im Verdacht steht, die Dinge schön und verständlich auf den Punkt zu bringen. Wir müssen ihn fasslicher machen und klären, inwiefern er etwas für Menschen Charakteristisches artikuliert. Dieser Aufgabe kann ich mich nun noch weitergehend zuwenden, indem ich sage: Unbestimmtheit realisiert sich im Rahmen der Vernunft als eine Öffnung zur Welt und zu anderen hin. Sich der Welt und anderen gegenüber zu öffnen heißt, wie wir gesehen haben, sie – in einem sehr allgemeinen Sinn – als Quelle von Widerspruch regelrecht zu suchen. Wer in der Welt nur sieht und von anderen nur hört, was ihn in den für sein Denken und Handeln entscheidenden Orientierungen bestärkt, droht immer wieder, der Welt gegenüber nicht offen zu sein. Er verschließt sich dann dadurch, dass alles, was ihm begegnet, ihn immer bestätigt. Offenheit setzt voraus, dass es auch zu Momenten kommt, in denen man nicht weiter weiß, also tatsächlich Anstöße aufzunehmen vermag und diese als solche sucht. Offenheit ist dort gegeben, wo es nicht mehr bloß um Bestätigung geht, sondern Widersprüche gesucht und angenommen werden. Wenn wir dem Rechnung tragen, verstehen wir noch besser, inwiefern Vernunft durch Praktiken der Selbstkritik realisiert wird:

> (*Vernunft als Öffnung anderen und der Welt gegenüber*)
> Vernunft ist die Haltung, eigene Bestimmungen zu entwickeln und zu festigen und dies dadurch, dass man sie immer wieder Widerständen der Welt und Widersprüchen anderer aussetzt und sich in dieser Weise der Welt und anderen gegenüber öffnet.

Nun ist damit noch nichts dazu gesagt, inwiefern Vernunft sich wesentlich im Tätigsein realisiert. Menschliche Selbstbestimmung ist praktisch. Wenn wir nun Selbstbestimmung als Öffnung zur Welt hin begreifen, dann entsteht der Eindruck, sie sei in erster Linie theoretisch zu verstehen. Wir dürfen aus diesem Grund an diesem Punkt nicht stehenbleiben, sondern sollten uns fragen, inwiefern die Öffnung zur Welt hin eine grundlegend praktische Seite hat. Diese Frage wiederum lässt sich folgendermaßen beantworten: Das, was für uns bedeutungsvoll ist, manifestiert sich in Tätigkeiten.

Ein Paradigma entsprechender Tätigkeiten sind Experimente. In Experimenten werden Kriterien, die in Wissenschaften etabliert worden sind, Widerständen durch die Welt ausgesetzt. Es geht so in Experimenten nicht primär um Erfahrungen, die wir machen, sondern um Tätigkeiten, die wir entwickeln, um Kriterien auf den Prüfungstand zu stellen. Wir manipulieren, richten Gegenstände in bestimmter Weise her, greifen ein. So hat eine experimentelle Haltung immer zwei Seiten: Sie setzt auf der einen Seite voraus, dass die in den Grundbegriffen einzelner Wissenschaften formulierten Kriterien festgehalten und immer weiter bestimmt werden; auf der anderen Seite fordert sie eine Bereitschaft, Kriterien, die sich nicht bewähren, aufzugeben und neue Kriterien zu formulieren und wiederum so lange weiter zu bestimmen, bis sie sich ihrerseits als unhaltbar erweisen. Genau ein solchermaßen praktisches Experimentieren prägt auch insgesamt unser selbstbestimmtes Tun.

Nun wäre es eine Übertreibung zu sagen, dass wir im Alltag in einem fort experimentieren. In gewisser Hinsicht ist das Gegenteil der Fall: Wir verrichten vieles im Alltag auf eine selbstverständliche, routinierte Art und Weise. Wir stehen auf, ziehen uns an, bereiten Mahlzeiten zu, sprechen mit anderen, fahren mit Autos, laufen auf Bürgersteigen, verlieren uns im Internet und machen tagein tagaus noch viele andere Sachen mehr. Vielfach denken wir nicht weiter über das nach, was wir routiniert verrichten. Vieles von dem, womit wir befasst sind, geschieht ohne große Aufmerksamkeit, ohne weiteres Nachdenken. Aber stimmt das wirklich? Wird das Bild unseres Alltags, so gezeichnet, uns tatsächlich gerecht? Schauen wir genauer hin.

Wir stehen morgens aus dem Bett auf wie an jedem anderen Tag und merken mit einem Mal, dass wir seltsam gestimmt sind an diesem Morgen. Wir fragen uns, warum das so ist, und uns wird klar, dass eine Begegnung mit einem Kollegen an diesem Tag uns besorgt. Wir kochen uns Kaffee und nehmen uns Milch dazu und sehen, dass sie flockt. Dann riechen wir an der Milch und stellen fest, dass sie sauer geworden ist. Wir laufen auf dem Bürgersteig entlang und bemerken vor uns plötzlich Eis. Aus diesem Grund gehen wir vorsichtiger als sonst. Wenn wir uns genauer darüber befragen, wie unsere alltäglichen Routinen so verlaufen, merken wir, dass sie bei aller Selbstverständlichkeit auch auf Dinge, die uns auffallen, eingestellt sind. Meist fällt uns nichts auf, sind die Begegnungen am Tag harmlos, ist die Milch noch in Ordnung und herrschen keine Minusgrade. Aber das heißt nicht, dass wir einfach alles immer nur wie selbstverständlich machen würden. Wir haben als vernünftige Wesen unsere Selbstverständlichkeiten so entwickelt, dass auch Auffälliges und Nichtfunktionierendes darin seinen Platz hat. Wir können diese Besonderheit unseres gewohnheitsmäßigen Tuns folgendermaßen auf den Punkt bringen: Wir agieren gewohnheitsmäßig so, dass wir auf Irritationen zu reagieren vermögen. Anders gesagt: Vernünftige Praxis ist immer auch gewohnte Praxis, nur ist vernünftige Gewohnheit keine Art Blindflug, sondern sie ist verkörperte und habitualisierte Reflexion.

Das wird auch deutlich, wenn wir uns Fälle vor Augen führen, in denen entsprechende Reaktionen ausbleiben. Wenn wir tatsächlich so in bloßen Selbstverständlichkeiten befangen sind, dass wir irgendwelche Abweichungen nicht bemerken, dann halten wir das für einen Fehler. Wenn wir den Kaffee mit der sauren Milch gedankenversunken trinken, ärgern wir uns möglicherweise über unsere Nachlässigkeit genauso wie dann, wenn wir auf dem Eis ausrutschen. Das heißt nicht, dass entsprechende Fehler sich in jedem Fall vermeiden ließen, es zeigt aber, dass wir in unseren gewohnheitsmäßigen Verrichtungen durchaus mit Störungen rechnen. In dem Maße, in dem Gewohnheiten Momente einer selbstbestimmten Praxis sind, haben sie Raum für Irritationen. Sie laufen nicht einfach mechanisiert ab – oder richtiger: Der bloße mechanisierte Ablauf gilt im Rahmen vernünftiger Gewohnheiten als ein Defekt, den es zu korrigieren gilt. Wenn man Routinen zu mechanisch ausführt oder beschäftigt bzw. absorbiert oder aus noch anderen Gründen nicht störungssensibel ist, dann kommt es nicht zu einer richtigen Ausführung der Gewohnheit. Es gilt für uns, unsere Handlungsmuster immer und immer wieder neu zu aktualisieren.

So ist es falsch, Gewohnheiten im Rahmen der menschlichen Praxis als mechanisierte Abläufe zu verstehen. Letztlich experimentieren wir auch im Alltag in einer gewissen Weise. Natürlich bauen wir keine Versuche auf und formulieren auch keine Hypothesen. Wir fragen uns auch nicht, ob wir in der gewohnten Weise weitermachen können. Wer so etwas behauptet, zeichnet ein in verzerrender Weise intellektualistisches Bild menschlicher Praxis. Gewohnheiten müssen vielmehr so verstanden werden, dass sie aus sich heraus mit einer Offenheit für Störungen verbunden sind. Die Gewohnheiten des Gangs auf dem Bürgersteig sind damit verbunden, dass uns etwas, das nicht passt, auffallen kann. In diesem Sinn lassen sich Gewohnheiten als in Praktiken gegossene Experimente begreifen, oder anders gefasst: als eintrainierte Abläufe, in denen es immer auch zu Reaktionen auf Irritationen kommen kann.

So können wir sagen, dass viele alltägliche Praktiken die Offenheit zur Welt hin aufweisen, die ich oben erläutert habe. Diese Offenheit ist – als zentrales Moment der Realisierung von Vernunft – nicht Resultat einer primär theoretischen Haltung, sondern ein Aspekt alltäglicher Gewohnheiten und Praktiken und insofern als praktisch zu begreifen. Wir verstehen Vernunft also falsch, wenn wir die für sie konstitutive Selbstkritik als besonders anspruchsvoll und intellektuell einschätzen. Selbstkritik begleitet uns ganz selbstverständlich überall in einem vernünftigen Alltag, und zwar darin, dass wir die Muster unseres Tuns immer wieder zu unterbrechen und zu variieren in der Lage sind. Wir begreifen so, dass Vernunft sowohl eine praktische als auch eine alltägliche Seite hat.

(*Alltägliche Gewohnheiten als vernünftige Praktiken*)
Alltägliche Gewohnheiten sind dadurch vernünftig, dass sie mit einer Offenheit für Irritationen und Störungen verbunden sind.

An diesem Punkt unserer Überlegungen können wir nun endlich mehr dazu sagen, wie das distanzierte Verhältnis des Menschen zu (seiner eigenen) Natur zu verstehen ist. Denn dieses Verhältnis ist selbst im Kontext der Öffnung zur Welt hin zu begreifen, wie sie durch vernünftige Praktiken realisiert wird. Irritationen, Störungen und Widerstände können in besonderer Weise von natürlichen Zusammenhängen ausgehen. Zur Öffnung gegenüber der Natur gehört es, eine Aufmerksamkeit für solche Momente zu entwickeln und sie als Anstöße für die Weiterentwicklung eigener Praktiken zu begreifen.

Das macht das gespannte Verhältnis verständlich, in dem Menschen zur Natur stehen. In der Realisierung von Selbstkritik verhalten sie sich immer wieder auch zur Natur – nicht zuletzt und in besonderer Weise zu ihrer eigenen Natur in Form ihres Körpers. Menschen können ihren Körper sowohl als Grundlage der für sie wertvollsten Erfahrungen als auch als Beschränkung ihrer Selbstverwirklichungsmöglichkeiten begreifen. Ihr Körper spielt für sie eine entscheidende Rolle in seiner Sinnlichkeit und Sexualität, aber auch in seiner Verletzlichkeit und hinsichtlich der Krankheiten, die er ausbilden kann. Der Körper ist dabei nichts unverrückbar Gegebenes, sondern in all seinen Dimensionen etwas, zu dem Menschen sich verhalten. Ihre Stellungnahmen zur eigenen Körperlichkeit basieren dabei auf einer Distanz, die aus Selbstkritik heraus zustande kommt.

Menschen verhalten sich zu (ihrer eigenen) Natur also dadurch, dass sie sich von sich durch ihren Bezug auf Natur selbstkritisch (von sich) distanzieren. Im Rahmen einer entsprechenden Selbstkritik kann ihnen Natur besonders wichtig werden, so dass sie alles, was sie ausmacht, als durch Natur bestimmt begreifen. Man denke zum Beispiel an soziobiologische Erklärungsmuster, die das gesamte Sozialverhalten aus einem biologischen Reproduktionsinteresse heraus erklären. Menschen können sich aber auch genauso als von Natur getrennt begreifen und von daher zum Beispiel das Projekt verfolgen, den menschlichen Körper durch und durch technisch oder anderweitig artifiziell zu überformen.

Für Menschen ist Natur also nie einfach nur natürlich. Auch dann, wenn für sie alles Natur ist und sie so ganz auf jede Abgrenzung von Natur verzichten, geht eine solche Haltung aus einer Distanzierung von Natur hervor. Natur kann aus diesem Grund für Menschen immer auch ein Raum der Faszination oder des Abscheus sein. Oben habe ich gefragt, wie sich Menschen als nichtnatürlich und natürlich begreifen lassen. Diese Frage kann ich nun folgendermaßen beantworten:

(*Das spannungsreiche Verhältnis des Menschen zur Natur*)
Natur gewinnt für Menschen dadurch Bedeutung, dass sie sich von ihr distanzieren, wodurch Natürlichkeit und Nichtnatürlichkeit zugleich als Aspekte von menschlichen Orientierungen verständlich werden.

Die Öffnung zur Welt (auch in ihrer Variante einer Öffnung zur Natur) und zu anderen hin reicht aber noch nicht, um die Distanzierung von Bestimmtheiten, die Menschen sich durch Selbstkritik erarbeiten, ganz zu begreifen. Die entsprechende Unbestimmtheit ist noch mit einer anderen Öffnung verbunden und zwar mit der auf die Zukunft hin. Selbstkritik bedeutet nicht nur, dass wir uns auf die Welt und auf andere einlassen müssen, sondern auch, dass wir uns auf die Zukunft hin festlegen. Wenn wir unsere Praktiken und Verständnisse selbstkritisch weiterentwickeln, dann bestimmen wir uns auf die Zukunft hin. Gehen wir zum Beispiel davon aus, dass uns Nächstenliebe für die Beurteilung dessen, was wir tun, wichtig ist. Die Wichtigkeit liegt genau darin, dass wir sie in der Zukunft realisieren wollen. Wir binden uns durch sie an Geschehnisse der Zukunft – also an Geschehnisse, die uns in gewisser Weise unverfügbar sind.

In der Zukunft geht es für uns ganz allgemein betrachtet darum, ob wir dem, was für uns bedeutungsvoll ist, gerecht werden. So steht in der Zukunft für uns auf dem Spiel, ob wir die, als die wir uns verstehen, tatsächlich sind. Das können wir auch so ausdrücken: Wir sind durch Selbstkritik gebunden an eine Zukunft, in der wir uns als die, die wir zu sein beanspruchen, zu erweisen haben. Die von uns erbrachte Bestimmung von Orientierungsgrößen ist so eine Perspektivierung unserer Existenz, die uns auf etwas festlegt, das wir nicht einfach ändern können. Wir können nicht einfach immer neu bestimmen, was uns wichtig ist, oder beschließen, dass uns etwas, das uns wichtig ist beziehungsweise war, nichts angeht, weil wir ihm nicht gerecht geworden sind. In dem Maße, in dem wir uns an es gebunden haben, bestimmt es uns. Oder noch einmal anders gesagt: Wollten wir immer nur neu bestimmen, was für uns wichtig ist, ist uns schlicht nie irgendetwas wichtig. Jede Form vernünftiger Praxis bricht dann zusammen.

Die für Vernunft charakteristische Öffnung auf die Zukunft hin können wir noch besser begreifen, wenn wir uns fragen, was uns von Robotern unterscheidet. Ich will Roboter dabei so verstehen, dass ihr zukünftiges Verhalten sich danach richtet, wie sie programmiert worden sind beziehungsweise wie sie ›sich selbst‹ auf Basis entsprechender Algorithmen programmieren (auch wenn es irgendwann Roboter geben mag, die sich nicht mehr in dieser Weise begreifen lassen). Stellen wir uns einen Roboter vor, dessen Programm auf die Realisierung von Nächstenliebe eingerichtet ist. Was auch immer in der Zukunft geschieht: Dieser Roboter wird ein Verhalten realisieren, das dem Kriterium der Nächstenliebe, so wie es von seinem Programm interpretiert wird, gerecht wird. Die Zukunft kann so keine Herausforderungen für diese Orientierungsgröße bieten, da Letztere sich immer durchsetzt.

Dies ist bei Menschen anders. Das, was sie in Auseinandersetzungen mit anderen als für sich bedeutungsvoll bestimmen, ist gerade für Herausforderungen in der Zukunft offen. Wenn Menschen ein Verständnis von Nächstenliebe für ihr Verhalten als bindend erachten, dann bedeutet die Zukunft ein Moment von Unbestimmtheit, da sie in unabsehbarer Weise Neubestimmungen dieser Orientierungsgröße erfordern kann. Aus diesem Grund ist für Menschen – anders als für Roboter – immer auch ein Bezug auf ihr eigenes Ende im Spiel. Immer wieder ist im Zuge des Nachdenkens über den Menschen – nicht zuletzt von Kant und von Heidegger – seine Endlichkeit betont worden. Menschen sind sterblich. Das heißt aber nicht nur, dass bei ihnen – wie bei allen Lebewesen – der Tod das sichere Ende ist. Es heißt vielmehr auch, dass sie grundsätzlich damit rechnen müssen, mit dem, was sie verfolgen, nicht an ein Ende zu kommen. Menschen bleiben grundsätzlich unabgeschlossen. In diesem Sinn können sie die Zukunft im Letzten nicht bestimmen, so dass diese für sie grundsätzlich unbestimmt bleibt.

Um eine Konsequenz dieser von Endlichkeit geprägten Öffnung zur Zukunft hin zu artikulieren, ist der Begriff der Unabgesichertheit hilfreich: Menschen können immer scheitern und dies nicht nur aus dem Grund, dass sie dem von ihnen verfolgten Orientierungsgrößen zuwiderhandeln können, sondern auch deshalb, weil sie es versäumen können, eine erforderliche Revision der Orientierungsgrößen zu realisieren, oder auch, weil ihnen die Zeit genommen sein kann, das zu tun, was diese Orientierungsgrößen verlangen. Die Möglichkeit des Scheiterns ist entscheidend für die Art und Weise, wie Menschen das, was für sie bedeutungsvoll ist, verfolgen. Die Festlegungen, die Menschen durch eine Bestimmung des für sie Bedeutungsvollen für ihr eigenes Tun gewinnen, sind keine Programme. Vielmehr eröffnen sie die Zukunft als einen Raum, in dem keine Sicherheit gegeben ist – eben als einen Raum der Unbestimmtheit:

> (*Unbestimmtheit durch Festlegung auf die Zukunft hin*)
> Durch die Bestimmung dessen, was für uns bedeutungsvoll ist, legen wir uns in einer Weise fest, dass wir in der Zukunft immer mit dem, was uns wichtig ist, auf dem Spiel stehen und uns immer das Scheitern droht.

So sind wir nun insgesamt zu einer Antwort auf die Frage gelangt, wie die für Menschen charakteristische Unbestimmtheit zu begreifen ist. Wenn man sie sowohl als eine Öffnung zur

Welt und zu anderen hin als auch als eine Öffnung auf die Zukunft hin begreift, dann ist Unbestimmtheit keine grundsätzliche Gegebenheit der menschlichen Existenz. Sie wird nicht einfach vorausgesetzt – weder in expliziter noch in impliziter Weise. Unbestimmtheit ist vielmehr eine Errungenschaft von Praktiken der Selbstkritik. Sie ist nicht der Anfang menschlichen Tuns, sondern etwas, das erst durch dieses Tun zustande kommt. Die Distanzierung von Bestimmtheiten geht aus den durch Selbstkritik realisierten Öffnungen von Praktiken hervor.

Damit wird das Verständnis von Unbestimmtheit den oben entwickelten Anforderungen gerecht: Unbestimmtheit ist nicht die bloße Abwesenheit von Bestimmtheit, sondern resultiert aus einem Umgang mit Bestimmtheit heraus, der Spielräume eröffnet. Diese Spielräume werden durch die Öffnung auf die Welt und auf andere hin genauso wie durch die Öffnung auf die Zukunft hin realisiert. Die Öffnung auf die Welt und auf andere hin baut die selbstverständliche Bestimmtheit von Praktiken ab, die routiniert erfolgen. So werden Praktiken für eine Revision ihrer Bestimmungen geöffnet. Die Öffnung auf die Zukunft hin hebt Bestimmtheit hingegen in dem Sinn auf, dass ein Moment von Unabgesichertheit in die Praktiken eingetragen wird.

Siebter Schritt: Antwort auf die zentrale Frage

Helfen uns diese Verständnisse von Vernunft, Unbestimmtheit und unserem gespannten Verhältnis zur Natur aber auch, um besser mit der Ausgangsfrage unserer Überlegungen zurande zu kommen, also mit der Frage, warum wir uns fragen, wer wir sind? Ich habe darzulegen versucht, dass die Entwicklung von selbstkritischen Praktiken auf der Bestimmung dessen, was für uns bedeutungsvoll ist, beruht. Diese Bestimmung findet in Auseinandersetzung mit anderen im Rahmen geschichtlich situierter kultureller Praktiken statt. Für das, was uns wichtig ist, habe ich bislang sehr unterschiedliche Beispiele gegeben: Begriffliche Orientierungsgrößen wie Egoismus und Nächstenliebe gehören genauso dazu wie Weisen des richtigen Sehens, die wir in Auseinandersetzung mit einem Gemälde gewinnen, oder Weisen des Mitfühlens mit anderen und moralisches Feingefühl, wie sie in erzählerischen Texten vermittelt werden. Überlegen wir genauer, so wird uns leicht eine unübersehbar große Vielzahl von Orientierungsgrößen einfallen, die wir als das, was für uns bedeutungsvoll ist, bestimmt haben, um Selbstkritik zu realisieren.

Die Orientierungsgrößen stehen aber nicht einfach für sich. Sie hängen untereinander zusammen, so dass uns unter anderem in Kontroversen und heiklen Situationen immer wieder Abgrenzungen und Zusammenhänge (wie die Abgrenzung zwischen Egoismus und Eigennutz) wichtig sein werden. Was uns wichtig ist, ist also nicht einfach für sich bestimmt, sondern erhält seine Bestimmtheit in einem umfassenden Zusammenhang. Für die Einbettung der Orientierungsgrößen in diesen Zusammenhang sind Fragen wie die folgenden aufschlussreich, die uns aus Auseinandersetzungen über die Beurteilung unseres Tuns und Denkens sicher vertraut sind: »Achtest du tatsächlich auf so etwas?« »Was, so etwas ist dir wichtig?« »Bist du so einer?«

Diese Fragen zeigen an, dass das, was für uns in unserer Selbstkritik bedeutungsvoll ist, nichts anderes ist als ein Teil, ein Aspekt einer Antwort auf die Frage, als wen wir uns verstehen. Geht es uns um Menschlichkeit? Verfolgen wir das Konzept, dass Stärkere sich durchsetzen sollen? Begreifen wir unsere Natur grundsätzlich als tierisch, so dass wir uns als durch unsere Biologie bestimmt begreifen? Antworten auf Fragen wie diese sind entscheidend dafür, wie wir das bestimmen, was für uns bedeutungsvoll ist, und woran wir uns in diesem Sinne binden.

Als Praxis der Selbstkritik ist Vernunft grundsätzlich an unseren Antworten auf die Frage orientiert, wer wir sind. Immer steht im Hintergrund unserer entsprechenden Bestimmungen eine Antwort auf die für uns grundlegende Frage, als wen wir uns begreifen. Natürlich ist nicht in jeder Diskussion zum Beispiel darüber, was Ehrlichkeit ausmacht oder wie eine Work-Life-Balance aussehen sollte, explizit die Frage im Spiel, wer wir sind. Indirekt aber geben wir mit dem, was wir in solchen Diskussionen sagen, Antworten auf diese Frage. Wir setzen uns mit dieser Frage immer dort auseinander, wo es uns um die Orientierungsgrößen geht, die wir an uns, an die Welt und an andere anlegen. Auch wenn wir uns gar nicht explizit fragen, was uns als Menschen ausmacht, geben wir doch immer wieder Antworten auf diese Frage.

Für diese These muss ich eine noch genauere Begründung geben. Ich habe gesagt, dass das, was uns für unsere Selbstkritik bedeutungsvoll ist, immer durch Zusammenhänge mit und Abgrenzungen von anderen Orientierungsgrößen bestimmt wird. Was uns wichtig ist, steht so für uns in einem umfassenden Zusammenhang. Dies aber heißt, dass wir mit der Bestimmung einer einzelnen Orientierungsgröße (wie zum Beispiel der der Ehrlichkeit oder der eines angemessenen Sehens menschlicher Blicke) immer in das Gesamt von Orientierungsgrößen eingreifen. Jede Neubestimmung justiert die Zusammenhänge und Abgrenzungen innerhalb des umfassenden Zusammenhangs neu. Sie beeinflusst, sie berührt auf diese Weise indirekt immer auch anderes, was für uns wichtig ist. Da nun das, was für uns bedeutungsvoll ist und an das wir uns um Willen der Öffnung hin zur Welt und zu anderen binden, nichts anderes ist als eine Antwort auf die Frage danach, wer wir sind, führt eine Neubestimmung auch indirekt zu einer Neuinterpretation des Gesamtzusammenhangs und damit zu einer Antwort auf die besagte Frage. Eine Orientierungsgröße interessiert uns so nie allein als solche, sondern immer auch als Aspekt unseres Selbstverständnisses insgesamt.

So zeigt sich, inwiefern das Verständnis von Vernunft als Praxis der Selbstkritik die Relevanz der Frage nach uns selbst erklärt. Ich möchte den dafür zentralen Zusammenhang folgendermaßen zusammenfassen:

> (*Vernunft und die Frage, wer wir sind*)
> Die selbstkritischen Reflexionen, durch die wir Vernunft realisieren, basieren auf dem Zusammenhang all dessen, was für uns bedeutungsvoll ist, und damit auf unseren Antworten auf die Frage, wer wir sind.

Als ich oben den Begriff der Selbstkritik als Schlüsselbegriff für eine Erklärung von Vernunft vorgeschlagen habe, habe ich eingeräumt, dass er allzu sehr danach klingen mag, Vernunft sei das Projekt der immer fortgesetzten Selbstprüfung. Jetzt aber sehen wir, dass Selbstkritik immer mit Selbstverständnissen zusammenhängt, dass wir also anstelle von Selbstkritik auch von Selbstverständigung sprechen können.[20] Wir können nun also sagen, dass wir vernünftig dadurch sind, dass wir in praktischer Weise Verständnisse von uns verfolgen. Wir müssen Antworten auf die Frage geben, wer wir sind, um uns in unserem Tun und unserem Denken zu orientieren.

Wir sehen damit noch deutlicher, dass die Selbstverständnisse, die wir von uns gewinnen, nicht primär theoretisch bzw. kognitiv orientiert sind. Wir stellen nicht einfach fest, wer wir sind. Indem wir ein Selbstverständnis fassen, bestimmen wir uns praktisch. Wir machen etwas aus uns, indem wir uns durch unsere Selbstverständnisse in der Kritik unseres Tuns und Denkens bestimmen. Geht es aber in der Frage nach uns nicht doch darum zu erkennen, dass wir vor der Aufgabe stehen, uns selbst zu gestalten? Geht es in diesem Sinne nicht doch um Selbsterkenntnis? Im Grunde habe ich diese Frage schon bejaht, als ich sagte, dass das Nachdenken über mögliche Erstarrungen in seinen Selbstverständnissen wichtig dafür ist, um solche Erstarrungen zur vermeiden. Damit aber ist gesagt, dass auch die Selbsterkerkenntnis in Bezug auf die Bedeutung und Funktion von Selbstbestimmung einen praktischen Charakter hat. Die Erkenntnis in Bezug auf die eigene Gestaltungsfähigkeit ist so nicht Resultat einer unbeteiligten Selbstbespiegelung. Sie ist entscheidend für die Realisierung von Selbstbestimmung und damit Freiheit.

Selbstverständnisse richten uns in unseren Praktiken aus und orientieren so, was wir machen. Dies heißt aber, wie wir gesehen haben, gerade nicht, dass wir einfach irgendein selbst gewähltes Programm abspulen. Wäre Selbstbestimmung in dieser Weise zu verstehen, würde Freiheit nicht verständlich. Selbstbestimmung führt nur dann zu Freiheit, wenn die Welt, die anderen und die Zukunft Einspruch gegen all das, was für uns bedeutungsvoll ist, erheben können.

Zum Ausklang: Wer also sind wir?

Es wird Zeit, ein wenig zusammenzufassen. Wir haben danach gefragt, warum wir uns fragen, wer wir sind. Diese Frage hat inzwischen eine Antwort gefunden. Wir fragen uns, wer wir sind, weil wir dadurch Distanz von uns gewinnen, und so Selbstkritik im Sinne von Vernunft zu realisieren vermögen. Selbstverständnisse sind entscheidend dafür, dass wir uns auf die Welt einlassen und dass es uns um etwas geht. Gerade dies ist entscheidend für uns: Wir stehen aufgrund dessen, was wir als für uns bedeutungsvoll bestimmen, auf dem Spiel. So sind wir weder einfach bestimmt noch einfach unbestimmt. Wir sind vielmehr aufgrund der Bestimmungen, die wir in Praktiken der Selbstkritik hervorbringen, unabgesichert. Die unbestimmten Tiere, die wir als vernünftige Wesen sind, gibt es nur aus Praktiken heraus, in denen wir in Auseinandersetzung mit anderen und der Welt Bestimmungen von uns selbst festhalten und uns an sie binden.

Der konstitutive Charakter von Selbstverständnissen bedeutet, dass die Frage, wer wir sind, keine abschließende Antwort kennt, sofern eine solche Antwort Bestimmungen des Menschen festhält. Wir können also nicht abschließend sagen, welche bestimmten Aspekte den Menschen ausmachen. Menschen können sich immer wieder in anderer Weise verstehen. Aber wir können verstehen, warum wir nicht abschließend sagen können, wer wir sind. Es gibt nichts, was für uns bedeutungsvoll ist, das uns abschließend fassen könnte. Das haben wir exemplarisch in der Diskussion der Versuche gesehen, den Menschen als Mängelwesen oder als vernünftiges Tier zu bestimmen. Weder Unbestimmtheit noch eine feststehende Ordnung der Vernunft lässt sich als das verstehen, was den Menschen letztendlich ausmacht. Jeweils hat sich gezeigt, dass eine Verabsolutierung einer entsprechenden Bestimmung der

Dynamik des Menschseins nicht gerecht wird. Menschen stehen immer aufs Neue vor der Aufgabe, zu bestimmen, wie sie sich verstehen und wer sie dadurch sind. Sie bestimmen in unterschiedlicher, aber immer praktischer Weise, was ihnen wichtig ist, und etablieren so Verständnisse von sich selbst, an die sie sich binden.

Diese Weise vernünftiger Selbstbestimmung aber lässt sich als genau das verstehen, was Menschen ausmacht. Insofern habe ich doch eine Antwort auf die Frage gegeben, was der Mensch ist: Der Mensch ist ein Wesen, das vor der Aufgabe steht, sich selbstkritisch zu gestalten und sich so immer wieder von Bestimmtheiten zu lösen. In diesem Sinn ist auch die Bestimmung des Menschen als vernünftiges Tier nicht unzutreffend. In gewisser Hinsicht haben die zurückliegenden Überlegungen sie bestätigt. Diese Bestätigung aber steht unter zwei Vorbehalten: Erstens gilt es hinzuzufügen, dass der Mensch sich immer zu seinem Tiersein verhält (und sich entsprechend sowohl als Tier als auch als Nicht-Tier begreifen kann). Zweitens muss Vernunft richtig verstanden werden: nicht als ein fester Rahmen von Bestimmungen, die sich in allem Wahrnehmen, Fühlen und Denken durchsetzen, sondern vielmehr als eine Praxis der Entwicklung von Bestimmungen, von denen her das eigene Tun verstanden und an denen es selbstkritisch gemessen wird. Vernunft ist, wie dargelegt, als eine Praxis der Öffnung zu verstehen, also als das Gegenteil von Fixierung.

Kommen wir nach all diesen Überlegungen zu Christiane zurück. Was können wir ihr also sagen? Wie können wir ihr erklären, welche Bedeutung es für sie hat, sich den Fragen der Therapeutin auszusetzen, mit ihren Freundinnen ernsthaft zu sprechen und ins Kino zu gehen? Es ist ja nicht so, dass ihr dies nicht sowieso wichtig wäre. Aber wir können ihr nun sagen, warum ihr diese Praktiken tatsächlich wichtig sein sollten.

Wichtig ist das, was Christiane für sich als bedeutungsvoll begreift, weil es ihr erlaubt, immer wieder zu prüfen und weiterzuentwickeln, wer sie ist. Die Arbeit an den Selbstverständnissen hat eine entscheidende praktische Relevanz für sie. Sie beurteilt im Lichte ihrer Selbstverständnisse, was sie selbst macht und womit andere und die Welt sie konfrontieren. Dafür aber ist es erforderlich, dass sie sich in ihren Selbstverständnissen nicht einigelt, sondern diese immer wieder aus der Konfrontation mit der Welt und mit anderen heraus überprüft und revidiert.

Das Nachdenken darüber, warum wir uns fragen, wer wir sind, hat seine besondere praktische Relevanz also darin, dass es uns die Gefahr, in unseren Praktiken und Selbstverständnissen zu erstarren, vor Augen führt. Wie Christiane sind wir alle mit der Gefahr konfrontiert, in dem, was für uns bedeutungsvoll ist, unbeweglich zu werden, also nicht mehr in der Lage zu sein, von anderen und von der Welt Impulse aufzunehmen. Immer droht es uns, dass wir das, was uns wichtig ist, als unverrückbar erachten. Dann erscheint uns das, an das wir uns halten, gewissermaßen als Eigenschaft, die wir einfach so haben. Wir kommen dann auf den irreführenden Gedanken, dass unverrückbar feststeht, was Menschen ausmacht. Damit aber verkümmert genau das, was uns ausmacht, nämlich Vernunft als Praxis der Selbstkritik, in der das, was für uns Bedeutung hat, immer wieder einer kritischen Überprüfung unterzogen wird. Was für Menschen jeweils und in unterschiedlicher Weise bedeutungsvoll ist, erfordert so eine immer neue Bestimmung. In diesem Sinn sind die Überlegungen zur Frage, wer wir sind, Erinnerungen daran, dass Menschen immer vor der Aufgabe stehen, Freiheit zu realisieren. Dies ist der beste Grund, uns zu fragen, wer wir sind.

Anmerkungen

1 Ludwig Wittgenstein, *Philosophische Untersuchungen*, z. B. §§ 19, 23, 241.
2 Jean-Paul Sartre, *Das Sein und das Nichts*, vgl. z. B. S. 753–833.
3 In der Arbeit an diesem Essay habe ich von vielfältigen Diskussionen mit anderen profitiert – weit mehr, als ich es hier im Einzelnen würdigen kann. Ein ganz besonderer Dank für kritische Lektüren von Vorstufen dieses Textes gilt Juliane Schiffers, Holm Tetens und Tobias Wieland.
4 Immanuel Kant, *Kritik der praktischen Vernunft*, A56.
5 Vgl. u. a. Michael Tomasello, *Die Ursprünge der menschlichen Kommunikation*.
6 Friedrich Nietzsche, *Jenseits von Gut und Böse*, S. 81.
7 Johann Gottfried Herder, *Abhandlung über den Ursprung der Sprache*, 1. Teil.
8 Helmuth Plessner, *Die Stufen des Organischen und der Mensch*, S. 365.
9 Arnold Gehlen, *Der Mensch*, S. 16.
10 Jean-Jacques Rousseau, *Du contrat social / Vom Gesellschaftsvertrag*, S. 9.
11 Vgl. Hans-Georg Gadamer, *Wahrheit und Methode*, S. 448.
12 Vgl. Aristoteles, *Politik*, 1253a1–11.
13 Vgl. Matthew Boyle, »Wesentlich vernünftige Tiere«.
14 Johann Gottfried Herder, *Abhandlung über den Ursprung der Sprache*, S. 28.
15 Vgl. Aristoteles, *Über die Seele*, bes. 412a–413a.
16 Vgl. hierzu Georg Wilhelm Friedrich Hegel, *Vorlesungen über die Philosophie der Geschichte*, Einleitung, bes. S. 64–71.
17 Martin Heidegger, *Sein und Zeit*, S. 145.
18 Z. B. Hermann Lotze, *Grundzüge der Logik und Encyclopädie der Philosophie*.
19 Vgl. als aktuelle Position: John McDowell, *Geist und Welt*.
20 Vgl. Charles Taylor, »Self-Interpreting Animals«.

Literaturhinweise

Aristoteles: Über die Seele. Gr./Dt. Stuttgart 2011.

– Politik. Schriften zur Staatstheorie. Stuttgart 1989.

Boyle, Matthew: Wesentlich vernünftige Tiere [2012]. In: Andrea Kern / Christian Kietzmann (Hrsg.): Selbstbewusstes Leben. Berlin 2017. S. 78–119.

Gadamer, Hans-Georg: Wahrheit und Methode. Grundzüge einer philosophischen Hermeneutik [1960]. Tübingen. [6]1990.

Gehlen, Arnold: Der Mensch: Seine Natur und seine Stellung in der Welt [1940]. Frankfurt a. M. 2016.

Hegel, Georg Wilhelm Friedrich: Vorlesungen über die Philosophie der Geschichte [1840]. Stuttgart 1961.

Heidegger, Martin: Sein und Zeit [1927]. Tübingen. [16]1986.

Herder, Johann Gottfried: Abhandlung über den Ursprung der Sprache [1772]. Stuttgart 1986.

Kant, Immanuel: Kritik der praktischen Vernunft [1788]. In: Werkausgabe. Frankfurt a. M. 1977. Bd. 7.

Lotze, Hermann: Grundzüge der Logik und Encyclopädie der Philosophie. Leipzig 1883.

McDowell, John: Geist und Welt [1994]. Frankfurt a. M. 2001.

Nietzsche, Friedrich: Jenseits von Gut und Böse [1886]. Stuttgart 1988.

Plessner, Helmuth: Die Stufen des Organischen und der Mensch. Einleitung in die philosophische Anthropologie [1928]. Frankfurt a. M. 1980.

Rousseau, Jean-Jacques: Du contrat social / Vom Gesellschaftsvertrag [1762]. Frz./Dt. Stuttgart 2010.

Sartre, Jean-Paul: Das Sein und das Nichts: Versuch einer phänomenologischen Ontologie [1943]. Hamburg 1993.

Taylor, Charles: Self-Interpreting Animals. In: Human Agency and Language. Philosophical Papers 1. Cambridge/MA [u. a.] 1985. S. 45–76.

Tomasello, Michael: Die Ursprünge der menschlichen Kommunikation [2008]. Frankfurt a. M. 2009.

Wittgenstein, Ludwig: Philosophische Untersuchungen [1953]. In: Werkausgabe in 8 Bänden. Frankfurt a. M. 1984. Bd. 1. S. 225–580.

Zum Autor

GEORG W. BERTRAM, geboren 1967, ist Professor für Philosophie mit den Schwerpunkten Ästhetik und Sprachphilosophie an der Freien Universität Berlin. Seine Hauptschwerpunkte in Lehre und Forschung liegen in der Kunstphilosophie, der Sprachphilosophie, der Erkenntnistheorie, der Anthropologie, der Philosophie der Subjektivität, der Sozialontologie, der Theorie der Normativität sowie in der Philosophie des deutschen Idealismus und der Gegenwartsphilosophie in ihren unterschiedlichen Traditionen. Zu seinen wichtigsten Veröffentlichungen gehören: *Hermeneutik und Dekonstruktion* (2002); *Kunst. Eine philosophische Einführung* ([2]2016); *Die Sprache und das Ganze. Entwurf einer antireduktionistischen Sprachphilosophie* (2006); *Sprachphilosophie zur Einführung* ([3]2017); *Kunst als menschliche Praxis. Eine Ästhetik* (2014); *Hegels »Phänomenologie des Geistes«. Ein systematischer Kommentar* (2017). Im Reclam Verlag hat er zudem den Band *Philosophische Gedankenexperimente. Ein Lese- und Studienbuch* ([2]2016) herausgegeben.